Marcos Redondo Fonseca

Simulación de redes neuronales como herramienta Big data en el ámbito sanitario.

Principios básicos.

Simulación de redes neuronales como herramienta Big Data en el ámbito sanitario.

Principios básicos.

Autor: Marcos Redondo Fonseca

ISBN: 978-1-326-86960-1

Noviembre 2016

1 Índice

1 Índice 5

2 Big data, ámbito sanitario y redes neuronales 13

   2.1 ¿Qué es el Big Data? 13

   2.2 Qué se entiende por ámbito sanitario 15

   2.3 Objetivos de este libro 16

3 Introducción a las redes neuronales 17

   3.1 Visión simplificada del cerebro biológico: 19

   3.2 La neurona artificial: 20

   3.3 Fundamentos: 22

      3.3.1 Elementos procesadores (pe). 22

      3.3.2 Funciones de transferencia. 24

      3.3.3 Topología 27

      3.3.4 La memoria 29

      3.3.5 Recuperación de información. 30

      3.3.6 Aprendizaje. 32

      3.3.7 Estabilidad y convergencia 41

      3.3.8 Metodologia de trabajo 52

      3.3.9 Epoch. 59

| | 3.3.10 | Medida del error..59 |

4	Aplicaciones de las redes neuronales...62
	4.1	Lectura y reconocimiento de caracteres. 62
	4.2	Compresion de imagenes y datos. 64
	4.3	Problemas combinatorios. 65
	4.4	Redonocimiento de patrones. 66
		4.4.1 Aplicaciones militares:..66
		4.4.2 Aplicaciones a la indústria:...66
		4.4.3 Procesamiento de señales:..67
	4.5	Predicción de series temporales:...68
	4.6	Servocontrol 68
	4.7	Nuevas tecnologías 69
		4.7.1 Simuladores y chips neuronales:..69
		4.7.2 Procesadores ópticos. 71
	4.8	Puntos de contacto. 72

5	Historia de las redes neuronales...74
	5.1	La metáfora de Neumann: 74
	5.2	La inteligencia artificial: 77
	5.3	Las redes neuronales:...78
	5.4	La maquina de Turing y la computabilidad...............................81

5.5 La década de los ochenta: 87

5.6 La situación actual: 89

5.7 Aplicaciones: 90

5.8 El futuro: las relaciones entre la IA simbólica y las RN. 93

6 El modelo multiplayer feedforward (mfn) 94

   6.1 Generalidades. 94

      6.1.1 La arquitectura de un MFN : 94

      6.1.2 Funciones de activación. 98

      6.1.3 Salidas lineales 101

   6.2 Aproximación de funciones. 103

   6.3 Notas bibliográficas. 108

   6.4 Limitaciones. 111

   6.5 Implementación. Objetivos de diseño. 118

      6.5.1 La función de activación. 119

      6.5.2 El cálculo de la salida. 120

      6.5.3 Generación de números aleatorios. 123

      6.5.4 La memoria. 125

      6.5.5 Orientación a objetos. 128

      6.5.6 Reutilización del código. 130

      6.5.7 Eficiencia. 133

6.5.8 Escalabilidad. 135

6.5.9 Independencia de la aplicación. 136

6.5.10 Facilidad de uso. 137

6.6 Algoritmos de entrenamiento: 138

6.7 Backpropagacion. 139

6.8 Gradientes conjugados. 155

6.9 BACKPROPAGACION vs GRADIENTES. 165

7 Escapar de mínimos locales (annealing) 167

7.1 Mínimos locales falsos. 170

7.2 El algoritmo de annealing. 172

7.2.1 Generalidades. 172

7.2.2 Los parámetros del annealing. 174

7.2.3 Implementación. 177

7.3 Otros aspectos. 183

7.4 Para saber mas... 185

8 Regresión 187

8.1 Generalidades. 187

8.2 Descomposición de valor singular. 190

8.3 La regresion y las redes neuronales. 195

8.4 El annealing y otros algoritmos. 197

8.5	La implementación.	198
9	Uso práctico de las redes MFN	200
9.1	Las capas de entrada y salida.	201
9.1.1	Variables nominales:	201
9.1.2	Variables ordinales.	204
9.1.3	Variables reales.	204
9.1.4	Variables circulares.	206
9.1.5	Conclusiones.	207
9.2	Capas ocultas	208
9.3	Los conjuntos de ejemplos.	215
9.3.1	El conjunto de entrenamiento.	216
9.3.2	Errores en los conjuntos.	225
9.3.3	Casos en límite de las clases.	231
9.3.4	El conjunto de validación.	233
9.4	El entrenamiento y la validación.	234
9.5	Interpretación de la red.	236
9.5.1	Análisis sensitivo:	241
9.5.2	Variación de las entradas.	242
10	Las redes kohonen	243
10.1	Generalidades.	245

10.2 Normalización de la entrada. 247
10.3 Entrenamiento. 250
10.4 Actualización de pesos. 252
    10.4.1 El método aditivo. 252
    10.4.2 Método substractivo. 253
10.5 La tasa de aprendizaje. 255
10.6 El error de la red. 255
10.7 Las neuronas perezosas. 257
10.8 Variaciones. 259

11 El modelo de red perceptron 261
11.1 Generalidades. 261
11.2 Aprendizaje. 263
11.3 La convergencia en el entrenamiento. 266
11.4 La separación lineal. 267
11.5 Aplicaciones del perceptron. 270

12 El modelo de red madaline 272
12.1 Generalidades. 272
12.2 Aprendizaje. 274
12.3 La convergencia en el entrenamiento. 278
12.4 Aplicaciones. 279

13 Objetivos un simulador 280

   13.1 Fases de desarrollo. 280

   13.2 La programacion en windows. 280

      13.2.1 Ventajas. 281

      13.2.2 Inconvenientes. 283

      13.2.3 Referencias. 284

      13.2.4 Bibliografia. 285

   13.3 Las redes neuronales. 285

      13.3.1 Referencias. 285

      13.3.2 Bibliografia. 286

   13.4 El simulador. 287

      13.4.1 Objetivos. 287

      13.4.2 Partes del simulador. 294

      13.4.3 Referencias. 295

   13.5 Otros paradigmas. 295

   13.6 Nomenclatura. 295

2 Big data, ámbito sanitario y redes neuronales

El Big Data se ha puesto de moda. Es la última gran apuesta del marketing tecnológico. Pero por detrás del *hype* hay un conglomerado de tecnologías que pueden ser útiles cuando son bien aplicadas.

Muchas de las tecnologías que se confunden bajo el término Big Data, que suena a algo nuevo y flamante, tienen ya varias décadas. Y si bien agradecen la potencia de cálculo y el procesamiento paralelo de los últimos tiempos, lo cierto es que llevan ya mucho en escena.

Una de estas tecnologías son las redes neuronales, que ya fueron la gran esperanza de la inteligencia artificial en los años ochenta y que perdieron valor a finales de los años noventa, pero que ahora resurgen dentro de la espiral del Big Data junto a otras técnicas también longevas.

Pero como de costumbre lo mejor será empezar definiendo lo que es cada cosa.

2.1 ¿Qué es el Big Data?

Como siempre que se busca una definición académica Wikipedia puede servirnos de ayuda:

Big data, macrodatos o datos masivos es un concepto que hace referencia al almacenamiento de grandes cantidades de datos y a los procedimientos usados para encontrar patrones repetitivos dentro de esos datos. El fenómeno del big data también se denomina a veces datos a gran escala. En los textos científicos en español con frecuencia se usa directamente el término en inglés big data, tal como aparece en el ensayo de Viktor Schönberger big data: La revolución de los datos masivos.

La disciplina dedicada a los datos masivos se enmarca en el sector de las tecnologías de la información y la comunicación. Esta disciplina se ocupa de todas las actividades relacionadas con los sistemas que manipulan grandes conjuntos de datos. Las dificultades más habituales vinculadas a la gestión de estas cantidades de datos se centran en la recolección y el almacenamiento, búsqueda, compartición, análisis, y visualización. La tendencia a manipular enormes cantidades de datos se debe a la necesidad en muchos casos de incluir dicha información para la creación de informes estadísticos y modelos predictivos utilizados en diversas materias, como los análisis de negocio, publicitarios, los datos de enfermedades infecciosas, el espionaje y seguimiento a la población o la lucha contra el crimen organizado.

El límite superior de procesamiento ha ido creciendo a lo largo de los años. De esta forma, los límites fijados en 2008 rondaban el orden de petabytes a zettabytes de datos. Los científicos con cierta regularidad encuentran *límites en el análisis debido a la gran cantidad de datos en ciertas áreas, tales como la meteorología, la genómica, la conectómica, las complejas simulaciones de procesos físicos y las investigaciones relacionadas con los procesos biológicos y ambientales, Las limitaciones también afectan a los motores de búsqueda en internet, a los sistemas finanzas y a la informática de negocios. Los data sets crecen en volumen debido en parte a la recolección masiva de información procedente de los sensores inalámbricos y los dispositivos móviles (por ejemplo las VANETs), del constante crecimiento de los históricos de aplicaciones (por ejemplo de los logs), cámaras (sistemas de teledetección), micrófonos, lectores de radio-frequency identification.9 10 La capacidad tecnológica per-cápita a nivel mundial para almacenar datos se dobla aproximadamente cada cuarenta meses desde los años ochenta.11 Se estima que en 2012 cada día fueron creados cerca de 2,5 trillones de bytes de datos (del inglés quintillion, 2.5×1018)*

2.2 Qué se entiende por ámbito sanitario

Aquí podemos entender todos los procesos y recursos (tanto humanos como materiales) usados para desempeñar actividades sanitarias, y más concretamente la curación y cuidado de enfermos, actividades preventivas, farmacologicas, etc.

Es éste un ámbito complejo y multidisciplinar. Es además un mundo que aunque se ha informatizado de forma desigual y en ocasiones tardía, genera miles de datos para cada paciente. Estos datos hacen referencia a la salud del paciente, su historia clínica, alimentación, constantes vitales y un largo etc.

Todo un mar de datos de gran valor y en un entorno en el que la precisión y la ausencia de fallos es la norma a seguir.

2.3 Objetivos de este libro

Son muchas las técnicas del Big Data que se pueden aplicar al ámbito sanitario, pero este libro se va a centrar solo en las redes neuronales.

Serán abordadas desde un plano teórico, y centrándose en aquellos algoritmos básicos y más recomendables para ser aplicados en el ámbito sanitario.

El libro finaliza con una propuesta de implementación de un simulador de redes neuronales.

3 Introducción a las redes neuronales

Los **ANS** (Sistemas Neuronales Artificiales o simplemente redes neuronales: RN) son modelos matemáticos que teorizan el funcionamiento del cerebro. También hacen referencia a las redes neuronales artificiales, neuro-computadoras, y procesadores de distribución paralela.

Los ANS explotan los conceptos de procesamiento local y distribuido, trabajando de la misma forma que se cree que lo hace el cerebro.

El principal objetivo de las redes neuronales es explorar y reproducir el procesamiento de información que tiene lugar en el cerebro humano, y que incluye tareas tales como el habla, la visión, el olfato, el tacto, etc. También pueden ser usadas para la compresión de datos, búsqueda de soluciones a problemas combinatorios difíciles, reconocimiento de patrones, aproximación de funciones, etc. Pero su mayor interés reside en sus aplicaciones a la ingeniería y la industria, proporcionando soluciones que hasta ahora sólo podía realizar el hombre.

Conviene tener en cuenta la diferencia que existe entre un computador tradicional y un ANS. Las computadoras convencionales se dedican a ejecutar una secuencia de órdenes dadas en un algoritmo, siendo incapaces de hacer algo que no haya sido previamente programado con todo detalle. Así para que puedan tratar un problema debe indicarse en el algoritmo todos los casos posibles. Si durante la ejecución el computador se encuentra con un caso para el que no fue programado, no sabrá tratarlo.

Por otro lado están los ANS que buscan simular el funcionamiento del cerebro humano. Es decir simulan una estructura de múltiples unidades de procesamiento interconectadas entre si, a través de un mecanismo llamado sinapsis. Estas nuevas máquinas no necesitan conocer todos los casos del problema. Se limitan a aprender una serie de casos básicos, y cuando se encuentran con una situación nueva aproximan (interpolan) a partir de los casos que conocen.

Debido a esta diferencia de concepción tendrán características y usos diferentes. Así los ANS no necesitan programación sino entrenamiento y su naturaleza es aproximativa, mientras que los computadores tradicionales buscan la exactitud.

La principal diferencia entre un ANS y un computador es que el primero procesa la información de forma paralela y el segundo de forma secuencial. Además, la característica distribuida de los ANS los hace tolerantes a fallos, y presentan lo que suele llamarse **degradación elegante**. Es decir: si una neurona falla, el sistema seguirá funcionando no tan bien como al principio pero continuará su trabajo. Sin embargo un ordenador tradicional ante un fallo de uno de sus componentes, especialmente si se trata de su CPU, no podrá seguir funcionando con normalidad.

3.1 Visión simplificada del cerebro biológico:

El hombre para procesar la información emplea un cerebro, al que calificaremos de biológico. Este se encuentra compuesto por células llamadas **neuronas**. Las neuronas están formadas por un cuerpo celular llamado **soma**, una serie de extensiones en forma de espinas llamadas **dendritas** y una única fibra nerviosa llamada **axón**, que conecta al soma con otras neuronas.

Dentro y alrededor del soma hay iones de sodio (Na+), calcio (Ca++), potasio (K+), y cloro (Cl-). El K+ se concentra dentro de la neurona y el Na+ se sitúa fuera. Cuando la membrana del soma es estimulada eléctricamente, deja pasar el Na+ y otros iones como el Ca++. De esta forma cambia el estado de la neurona. Este cambio de estado es transmitido hasta el axón, y del axón pasará a las dendritas de otras muchas neuronas (Una neurona puede estar conectada a otras 10.000). Con este mecanismo se van transmitiendo señales de unas neuronas a otras. Entre el axón de una neurona y las dendritas de las demás, hay un espacio denominado **espacio intersináptico**, en el que se produce un mecanismo denominado **sinapsis**. La sinapsis tiene como objetivo ponderar el paso del mensaje. Cuanto más fuerte sea la sinapsis, con mayor intensidad se pasará el impulso nervioso. Por contra una sinapsis débil puede llegar a inhibirlo.

Aun hoy no está muy claro cómo funciona la sinapsis a nivel químico. Existen sin embargo teorías que afirman a la sinapsis como la responsable del aprendizaje. Una de las más conocidas fue la propuesta por **Donald Hebb** en 1949. Su teoría de que las sinapsis realizadas con mayor frecuencia se vuelven más intensas, y que las menos usadas se van debilitando, ha sido de gran ayuda para la concepción de los ANS. Además esta teoría permite una sencilla formulación matemática.

3.2 La neurona artificial:

En una simplificación teórica cada neurona puede ser vista como una unidad que recibe una serie de entradas ponderadas (es decir con diferente importancia), las procesa, y envía el resultado a otras neuronas.

Los ANS (Sistema Neuronales Artificiales) están basados en las neuronas artificiales conectadas entre sí. Una definición rigurosa podría ser:

Una red neuronal (ANS) es una estructura distribuida y paralela, procesadora de información, que está formada por elementos de procesamiento (que pueden poseer una memoria local y que son capaces a procesar localmente la información que reciben). Los elementos de procesamiento se interconectan entre sí mediante canales por los que circularán señales. Cada elemento tiene un único canal de salida. Esta salida puede ser enviada a varios elementos de procesamiento al mismo tiempo, para los cuales esta señal será la entrada. El tipo de información que contiene la salida debe ser matemático. Cuando un elemento de procesamiento reciba información desde otros, por sus diversos canales de entrada, dará un tratamiento a las señales recibidas, y por último colocará un resultado en la salida. El tratamiento dado a las entradas debe depender única y exclusivamente del estado local del elemento, es decir dependerá de las entradas y de la información en la memoria local del elemento de procesamiento. En otras palabras cada unidad o neurona no sabe del exterior más que lo que recibe por sus entradas.

Las conexiones entre las neuronas no son simples, no existe un mero paso de información de unas a otras, sino que existe una ponderación en las entradas. Los valores de ponderación pueden variar con el tiempo y durante el proceso de aprendizaje o entrenamiento. Un ANS con ponderaciones fijas no aprende, de ahí la importancia de elegir un buen mecanismo de variación de las ponderaciones.

Desde un punto de vista topológico, los ANS son grafos no lineales y dirigidos, en los que las aristas tienen pesos (es decir están ponderadas).

En general un ANS está formada por tres elementos:

(1) Una topología

(2) Un método para codificar los datos

(3) Un método para recuperar información.

Las matemáticas empleadas para trabajar con los ANS incluyen: ecuaciones diferenciales, sistemas dinámicos, álgebra lineal, probabilidad y estadística.

3.3 Fundamentos:

A continuación se explican algunos conceptos muy importantes, imprescindibles para comprender los ANS.

3.3.1 Elementos procesadores (pe).

Los PE también llamados **nodos** o **neuronas**, son los puntos en los que se realiza todo el procesamiento de la información de los ANS. Poseen una serie de entradas, que se pueden representar como un vector $A=(a_1, a_2, ..., a_n)$, donde a_i representa la i-ésima entrada del PE. Para cada una de las entradas existe un peso, así pues existirá un vector de pesos $W=(w_1, w_2, ..., w_n)$. Como las conexiones entre neuronas son fijas generalmente se denota al vector de pesos con un subíndice **j**, que identifica al j-ésimo PE del sistema. Esto es, existe un vector $\mathbf{W_j}=(w_{1j}, w_{2j}, ..., w_{nj})$, en la que $\mathbf{w_{ij}}$ representa el peso que hay en la conexión entre el PE $\mathbf{a_i}$ y el PE $\mathbf{b_j}$.

En algunas ocasiones aparece un elemento adicional $\mathbf{O_j}$, ponderado por $\mathbf{w_{0j}}$. A este valor se le denomina límite o umbral (en inglés threshold). El umbral indica el valor que debe ser superado por las entradas para que haya transmisión de señal, es decir para que se active la neurona. En algunos modelos de red se le denomina Bias y se le otorga un valor constante igual a la unidad. En otros modelos como el de Kohonen se habla de entrada sintética.

La salida de una neurona suele expresarse como:

$$b_j = f(A \cdot W_j - w_{0j} \cdot O_j)$$

es decir:

$$b_j = f(\,\text{SUM}(i=1..n,\, a_i \cdot w_{ij}) - w_{0j} \cdot O_j\,)$$

Observar que en este ejemplo la función que relaciona a las entradas es una función suma, y que **f** es la función de transferencia. En el caso del Bias el término $\mathbf{O_j}$ no se resta si no que se suma.

3.3.2 Funciones de transferencia.

Las funciones de transferencia también pueden ser llamadas funciones umbral, límite, de señal o de activación. Como ya hemos visto las funciones de transferencia se usan para transformar la entrada de la neurona o PE en la salida. Las más frecuentes son la lineal, rampa, escalón y sigmoide.

* La <u>lineal</u> se rige por la ecuación:

$$f(x) = k \cdot x$$

donde **k** es un valor real. Esta función es muy raramente usada, pues es muy sensible a los **outliers** y valores de pico.

* La <u>rampa</u> se caracteriza por:

$$f(x) = \begin{cases} +Y & \text{si } x >= Y \\ x & \text{si } |x| < Y \\ -Y & \text{si } x <= -Y \end{cases}$$

Donde **+Y** y **-Y** son los valores máximo y mínimo que puede tomar la salida. A **Y** generalmente se le llama valor de saturación. Observar que esta función es similar a la lineal, pero la salida posee cotas superior e inferior. Su mayor problema es que tiene una parte lineal, y generalmente nos interesará introducir componente no lineales en la red para incrementar su potencia. A su favor decir que es muy fácil de calcular y por tanto requiere poco tiempo de CPU.

* La <u>función escalón</u> se caracteriza por dar sólo dos posibles valores de salida **+Y** ó **-Z**, dependiendo del signo de la entrada. Su ecuación es:

$$f(x) = \begin{cases} +Y & \text{si } x > 0 \\ -Z & \text{en el resto de los casos} \end{cases}$$

Entre los grandes problemas de esta función está la pérdida de información, pues solo produce dos valores de salida, y la derivabilidad (no tiene derivada en x=0).

* La <u>función sigmoide</u> tiene la forma de una S. Es una función acotada y no lineal. Un ejemplo podría ser:

$$S(x)=(1+e^{-x})^{-1}$$ -> cotas: sup=1, inf=0

Otro ejemplo:

$$S(x)= \tanh(x)$$ -> cotas: sup=1, inf=-1

Estas dos funciones son usadas por prácticamente todos los modelos (existen varias excepciones), debido a que reúnen todas las condiciones necesarias: No son lineales, están acotadas, no son difíciles de calcular, y tienen derivada continua en todos los puntos de su dominio. Además no son sensibles a los outliers, pues por su forma realizan una compresión de los valores de entrada. Dicha compresión es más patente cuanto mayores sean los valores de entrada.

La función límite no influye en la potencia de la red, siempre que sea no lineal. Sin embargo sí que tienen importancia en otros aspectos como la velocidad de convergencia de algunos algoritmos de aprendizaje, como por ejemplo la backpropagación. Generalmente se recomienda usar funciones límite derivables.

Por último mencionar que cada modelo suele tener su propia configuración de funciones de activación que conviene respetar.

Lo normal es que todos los PEs de una misma capa usen la misma función de activación, e incluso todos los PEs de la misma red.

3.3.3 Topología

La disposición de los nodos en un ANS se realiza siempre en capas o campos (en inglés layers). La topología abarca los siguientes temas:

* <u>Tipos de conexiones</u>: Existen dos tipos básicos de conexiones, las excitadoras y las inhibidoras. Las **excitadoras** incrementan la capacidad de activación del PE (se representan como valores positivos) y las **inhibidoras** decrementan dicha capacidad (se representan como valores negativos). La diferencia entre estas conexiones se encuentra en el valor del peso, que en las excitadoras es positivo, mientras que en las inhibidoras es negativo.

* <u>Esquemas de conexión</u>: Existen tres formas de conectar a los nodos:

- **Conexión Intra-layer**: o conexión lateral, hace referencia al enlace entre PEs de la misma capa.
- **Conexión Inter-layer**: es aquella que conecta a dos PEs pertenecientes a distintas capas.
- **Conexión recurrente**: es aquella que conecta a un PE consigo mismo, formando un bucle de realimentación.

Por otro lado hay que tener en cuenta el sentido en que pueden viajar las señales:

- **Flujo Feedforward**: sólo permite que las señales circulen en una dirección, hacia el siguiente PE.
- **Flujo Feedback**: permite la circulación de las señales en cualquiera de los dos sentidos. Con este tipo de flujo se produce una realimentación de la salida con respecto de la entrada. Es decir cuando llega una entrada se pasa a través de la memoria W, y se produce una salida. Esta salida es llevada de nuevo a la entrada (realimentación). Este proceso se repite hasta que la información que llega al PE y la salida generada dejen de variar, es decir hasta que se estabilizan.

* <u>Características de las capas</u>: Existen tres tipos de capas en un ANS:

- **Capa de entrada**: recibe las señales del medio que rodea al ANS.
- **Capa de salida**: es la encargada de devolver las señales al entorno, una vez procesadas.
- **Capas ocultas**: son todas aquellas capas que se encuentran entre la de entrada y la de salida, y que no tienen un contacto directo con el medio circundante. Son las que realizan el verdadero procesamiento de la información y en sus pesos se codifica la complejidad del problema.

No conviene olvidar que existe una única capa de entrada, una única capa de salida, y múltiples capas ocultas.

3.3.4 La memoria

* Tipos de patrones: Un ANS es capaz a almacenar dos tipos de patrones, los **espaciales** (son una imagen estática) y los **espacio-temporales** (son una secuencia se patrones espaciales en el tiempo, también llamados series temporales).

* Tipos de memoria: Existen tres tipos de memorias espaciales:

- **memorias de acceso aleatorio (RAM)**: son las usadas en los computadores. Asignan direcciones a los datos.
- **memorias direccionables por contenido (CAM)**: son usadas en computadores y procesadores de señal. Asignan datos a las direcciones.
- **memorias asociativas**: Asignan datos a datos.

Los ANS pueden comportarse como memorias asociativas y como CAM. Cuando actúan como una memoria asociativa, asocian los datos de entrada a otros datos que se dan como respuesta, mientras que cuando actúan como CAM almacenan la información en las matrices W.

* <u>Mecanismos de Asignación</u> (Mapping): Dos mecanismos:

- **El auto-asociativo**: implica que la memoria del ANS, **W** ,almacene vectores (patrones) $A_1,...,A_n$.
- **El hetero-asociativo**: implica que se almacenen en **W** parejas de patrones $(A_1,B_1),...,(A_m,B_m)$.

3.3.5 Recuperación de información.

Consideremos que las parejas de patrones (A_k,B_k), $k=1,...,m$, han sido almacenadas en **W**. Un mecanismo de recuperación es una función **g()** que tome **W** (la memoria) y A_k (el estímulo) como entradas, y devuelva a B_k (la respuesta). Es decir:

$$B_k = g(A_k,W)$$

A partir de aquí podemos definir los dos mecanismos de recuperación de un ANS:

* <u>Recuperación Nearest-neighbor</u>: busca la entrada almacenada que más se parezca al estímulo de entrada, y responde con la salida

asociada a esa entrada almacenada. Esto se puede ilustrar con la ecuación:

$$B_k = g(A', W)$$

donde:

$$dist(A', A_k) = MIN \{ q=1,..,m, dist(A', A_q) \}$$

donde **dist** es generalmente una función de distancia euclídea o de Hamming.

* <u>Recuperación interpolativa</u>: recibe un estímulo e interpola a partir de todo el conjunto de entradas almacenadas, para dar una respuesta a la salida. Asumiendo que la interpolación es lineal (lo cual no suele ocurrir) esto podría ser expresado por la ecuación:

$$B' = g(A', W)$$

donde

$$A_p <= A' <= A_q \text{ y } B_p <= B' <= B_q$$

para algún tipo se parejas de patrones

(A_p, B_p) y (A_q, B_q).

3.3.6 Aprendizaje.

Todos los métodos de aprendizaje pueden ser clasificados dentro de dos categorías:

* Aprendizaje Supervisado: Incorpora un profesor o control externo, que decide cuánto tiempo durará el aprendizaje y qué tipo de entrenamiento recibirá el ANS. Se puede clasificar en dos categorías:

- **Aprendizaje estructurado**: codifica la apropiada auto-asociativa o hetero-asociativa asignación sobre W.
- **Aprendizaje temporal**: codifica la secuencia de patrones necesaria para conseguir el resultado final en W (p.ej. la secuencia de movimientos necesarios para ganar una partida de ajedrez).
-

* Aprendizaje no supervisado: en este caso la red neuronal se auto-organiza. Es decir si las redes supervisadas necesitan conocer para cada entrada la salida que le corresponde, las redes no supervisadas sólo necesitan la entrada y buscan relaciones y lógicas, intentando conseguir una diferenciación de categorías.

A continuación se detallan una serie de algoritmos de aprendizaje:

3.3.6.1   Aprendizaje por error:

Es un tipo de aprendizaje supervisado, que ajusta los pesos de las conexiones entre los PEs en proporción con la diferencia entre el valor de salida esperado y el obtenido de cada PE en la capa de salida.

Si el valor de salida deseado del j-ésimo PE es c_j y el valor computado es b_j, entonces la ecuación para cambiar el valor del peso w_{ij} será:

$$INC(w_{ij}) = k \cdot a_i \cdot [c_j - b_j]$$

donde w_{ij} es un peso (de la memoria) de conexión de a_i a b_j y k la constante de aprendizaje (generalmente >0 y mucho menor que 1).

Uno de los problemas de esta técnica es su invalidez para sistemas con más de dos capas. Actualmente el problema está resuelto con la **retropropagación** (del inglés backpropagation), cuyo algoritmo será tratada posteriormente.

3.3.6.2   Aprendizaje por refuerzo:

Es también un tipo de aprendizaje supervisado. Cuando el sistema da una buena respuesta los pesos son reforzados, y cuando la respuesta es mala los pesos son penalizados. Una posible ecuación de refuerzo sería:

$$INC(w_{ij}) = k \cdot [r - O_j] \cdot e_{ij}$$

donde **r** es el valor escalar de éxito/fallo, que viene proporcionado por el entorno, O_j es el valor de refuerzo umbral para el j-ésimo PE de salida, e_{ij} es la elegibilidad canónica del peso del i-ésimo PE al j-ésimo PE y **k** es una constante entre 0 y 1, que regula la tasa de aprendizaje.

La elegibilidad canónica entre el i-ésimo y el j-ésimo PE, depende de una distribución de probabilidad previamente seleccionada, que es usada para determinar si el valor de la salida computada es igual al de la salida deseada, y es definido como:

$$e_{ij} = k \cdot Ln\, g_i\, /\, (k \cdot w_{ij})$$

donde g_i es la probabilidad de que coincidan la salida computada con la deseada, y viene definida por:

$$g_i = Pr\{ b_j = c_j \mid W_j, A \}$$

donde b_j es el valor computado para el j-ésimo PE, c_j es el valor deseado para el j-ésimo PE, W_j es el vector de pesos asociado al j-ésimo PE y **A** es el vector de entradas del j-ésimo PE de salida.

3.3.6.3 Aprendizaje estocástico:

Es otro tipo de aprendizaje supervisado. Se basa en aplicar procesos aleatorios, probabilidad y criterios energéticos para optimizar el valor de los pesos.

Según este método se harán cambios aleatorios en los pesos y después se determinará la energía creada por el cambio (se considera al ANS como un campo, con diferentes puntos cada uno de ellos con su energía). Si la energía del ANS es ahora menor, damos por bueno el cambio. Si la energía no hubiese disminuido, se aceptaría el cambio de acuerdo con una distribución de probabilidad previamente seleccionada. En otro caso se rechazaría.

El aceptar algunos cambios aunque no nos lleven a un mejor funcionamiento de la red (los mejores valores son los que minimizan la energía del ANS), permite al ANS escapar de los mínimos locales en el campo energético, hacia los mínimos absolutos o globales.

Podemos pensar en estos campos energéticos, como en auténticos paisajes topográficos, con colinas y valles. De esta forma entenderemos mejor el concepto de mínimo global y local. Supongamos que estamos dentro de una especie de cápsula, que se desliza suavemente por las laderas de las colinas energéticas. Nuestra cápsula no tiene ventanillas, así que no podemos ver por dónde vamos.

Sin embargo en el interior hay un altímetro, que nos indica a qué altura estamos (en este símil la altura se corresponde con la energía, y ésta con el error cometido por la red para un conjunto de ejemplos determinados). Nuestro objetivo es llegar al mar (altura 0). El problema es que no sabemos en qué parte del paisaje estamos (partimos de una posición aleatoria y desconocida).

¿Podremos conseguirlo?.

En principio parece fácil, lo único que tendremos que hacer es movernos siempre hacia aquellas posiciones con menor altura, así antes o después llegaremos al mar. Sin embargo esta idea encierra un problema. Veamos: Estamos en un punto concreto (h=20) y a nuestro alrededor las alturas son h= 21, h= 19, h= 23, h= 15. Como es lógico iremos a la posición h= 15. Una vez aquí podemos encontrarnos con que a nuestro alrededor las posiciones son h= 16, h= 17, h= 19, h= 20.

¡Ahora no podemos movernos hacia ninguna posición menor!. Lo que ocurre es que estamos en un mínimo local, es decir es un punto con altura menor que los puntos circundantes.

Pero sabemos que existe un punto con una altura aun menor h= 0, a éste le llamaremos mínimo global. Escapar de un mínimo local puede parecer fácil, bastaría con recordar por donde hemos venido y deshacer lo hecho. Sin embargo esto supone llevar un registro de las posiciones por las que hayamos pasado.

Podemos llevar un potente ordenador de última generación abordo. Sin embargo aun hay un problema: en la realidad a cada paso que demos, tendremos infinidad de puntos a nuestro alrededor para revisar y memorizar. La conclusión es que el método es inviable no sólo por su lentitud, sino también por la posibilidad de quedar atrapados en los mínimos locales. Como hemos visto no existe una solución obvia y de hecho éste es uno de los grandes problemas de las redes neuronales hoy en día. Más adelante veremos los conceptos de gradientes y annealing que tratan de aportar soluciones.

3.3.6.4 Sistemas predeterminados (Hardwired Systems):

Son sistemas cuyas conexiones y pesos ya han sido prefijados para representar un problema concreto bien estudiado. Pueden incluirse dentro del aprendizaje supervisado.

3.3.6.5 El aprendizaje Hebbian

Es un tipo de aprendizaje basado en la idea de que cuantas más veces se produce una sinapsis entre dos neuronas mayor es la eficacia de esta sinapsis.

A partir de esta idea inicial existen muchas formalizaciones matemáticas. Algunas de ellas son:

* <u>Correlación Hebbian simple</u>: donde el peso w_{ij} es la correlación (producto) del PE a_i con el PE a_j, usando una ecuación de tiempo discreta:

$$INC(w_{ij}) = a_i \cdot a_j$$

donde $INC(w_{ij})$ representa el cambio de w_{ij} en el tiempo.

* <u>Sejnowski</u>: su ecuación se expresa como:

$$INC(w_{ij}) = n \cdot [a_i - \hat{a}_i] \cdot [a_j - \hat{a}_j]$$

Los términos entre paréntesis representan la covarianza, y $0 < n < 1$. Donde n es una constante llamada tasa de adaptación y donde las $\hat{a}$ son medias. Cada uno de los elementos entre paréntesis representa la varianza del j-ésimo PE.

* <u>Sutton & Barto</u>: $INC(w_{ij}) = n \cdot \hat{a}_i \cdot [a_j - \hat{a}_j]$

* <u>Klopf</u> (drive-reinforment learning):

$$INC(w_{ij}) = INC(a_i) \cdot INC(a_j)$$

* <u>Ley de aprendizaje Hebbian con señal</u> (o passive decay associative law):

$$dw_{ij}/dt = -w_{ij} + S(a_i) \cdot S(a_j)$$

donde S() es un función umbral sigmoidal. Su principal diferencia respecto a las anteriores reglas es que correlaciona los valores de activación después de haber pasado por una función umbral no lineal.

* etc.

3.3.6.6 *Aprendizaje cooperativo y competitivo*

Los procesos cooperativos y competitivos son ANSs que presentan conexiones recurrentes auto-excitadoras, además de conexiones capaces de inhibir a los PEs vecinos (conexiones competitivas), y/o excitar a los vecinos (conexiones cooperativas).

Esto mismo formulado matemáticamente sería:

Sea el sistema de ecuaciones diferenciales $dx_i/dt = F_i(x_1,...,x_n) = F_i(X)$, con $i=1,...,n$, se dice que el sistema es competitivo si cumple si

$$dF_i/dx_j <= 0 \quad \text{Para todo } j <> i$$

y es cooperativo cuando

$$dF_i/dx_j >= 0 \quad \text{Para todo } j<>i$$

El aprendizaje competitivo es un procedimiento de clasificación de patrones para conexiones intra-layer en un ANS de dos capas. En su forma más simple ("todo para el ganador"), el aprendizaje competitivo trabaja junto con los métodos de recuperación de información, de la siguiente manera:

(1) un patrón de entrada llega a la capa de entrada F_A.

(2) los PEs de F_A envían sus señales de activación a la capa F_B

(3) cada PE de F_B compite con los otros. Para ello se envía a sí mismo una señal positiva (auto-excitación recurrente), y señales negativas a todos sus vecinos (inhibición lateral de vecinos)

(4) finalmente el PE de F_B con una mayor activación será activado, quedando el resto de los PEs desactivados.

Una vez acabada la competición se aplica la ecuación:

$$dw_{ij}/dt = S(a_i) \cdot [-w_{ij} + S(b_j)]$$

donde w_{ij} es el peso que hay en la conexión que va del i-ésimo PE de F_A (a_i), al j-ésimo PE ganador de F_B (b_j). **S()** es la función sigmoidal.

Esta ecuación se encarga de ajustar sólo aquellas conexiones del PE ganador de F_B, dejando las demás intactas.

3.3.7 Estabilidad y convergencia

Como hemos visto existen muchos métodos de aprendizaje y muy diferentes entre sí. Sin embargo todos ellos vienen a presentar una duda común. ¿Tenemos garantizada la convergencia?, es decir, si aplicamos al algoritmo de aprendizaje correctamente, ¿podremos llegar a una solución?, ¿puede aprender cualquier conjunto de entradas o sólo algunas combinaciones?.

Para la mayoría de los modelos ANS, esta pregunta tiene una respuesta muy compleja, y su demostración requiere el uso de matemáticas avanzadas.

A continuación veremos algunas definiciones e intentos de demostrar la convergencia y la estabilidad de algunos algoritmos de aprendizaje.

3.3.7.1 Definición de Estabilidad Global

La estabilidad global indica que todas las activaciones de los PEs deben estar estabilizadas para cualquier entrada. ANSs globalmente estables son sistemas dinámicos no lineales que rápidamente asignan todas las entradas a puntos fijos.

Estos puntos fijos (puntos límite, puntos de convergencia o puntos de equilibrio) son aquellos donde la información puede ser almacenada. La estabilidad global a pesar de garantizar que todas las entradas serán asignadas a puntos fijos, no garantiza que estos puntos sean los deseados.

Hay tres teoremas básicos para probar la estabilidad en muchos paradigmas de sistemas de redes neuronales, que usen Feedback. Cada uno de estos teoremas emplea el método de Lyapunov.

3.3.7.1.1 El Método Directo de Lyapunov:

Este método estudia la estabilidad. Se basa en encontrar funciones para las variables de un sistema dinámico cuyas derivadas con respecto del tiempo tienen unas propiedades específicas. En esencia el método de Lyapunov es una utilidad que nos permite ahorrar cálculos de integración en el análisis de la estabilidad de sistemas dinámicos con ecuaciones diferenciales no lineales.

Las cuatro propiedades de este método que permiten probar la estabilidad global para un sistema de ecuaciones $dx_i/dt = F_i(t,x_1,x_2,...x_n) = X_i$, siendo $(x_1,..x_n)$ las variables del sistema, son:

(P1) $X_i = 0$ si $x_i = 0$ para todo $i=1,2,...,n$

(es decir vale cero sólo en el origen)

(P2) X_i es holomórfico

(es decir la primera derivada existe en todas las partes del dominio dado)

(P3) **SUM(i=1,...,n , x_i)<=H para todo t>=t_o**

donde t_o y H son constantes y H es siempre de 'no fuga' (es decir x_i está acotada)

(P4) **V'= SUM(i=1,...,n, dV/dx_i<=0) para todo dx_i/dt**

donde V es una función de energía de Lyapanouv de las variables de X_i que asignan n dimensiones a una. Así se define como **V: R^n -> R^1**. Siendo **R** el conjunto de los números reales.

El método directo de Lyapunov nos asegura que si estas cuatro propiedades se cumplen para una función de energía V, entonces para todos los posibles sistemas de entradas **X=(x_1,...,x_n)**, el sistema será convergente y globalmente estable.

Ejemplo:

Pare ilustrar el uso del método de Lyapunov se incluye este ejemplo. Considere un sistema de variables:

$$X = (x_1, x_2, ..., x_n)$$

donde xi es una variable dependiente del tiempo, cuyas variaciones vienen descritas por:

$$dx_i/dt = f_i(x_1,...,x_n) = f_i(X)$$

Un ejemplo de función de energía para ese sistema podría ser por ejemplo:

$$V = (x_1)^2 + (x_2)^2 + ... + (x_n)^2$$

Esta función transforma al vector X en un único valor escalar. Si ahora tomamos la derivada de V y reemplazamos cada dx_i/dt por su respectiva función obtendremos:

$$dV/dt = SUM(i=1..n, \partial V/\partial x_i) = 2 \cdot x_1 \cdot f_1(X) + ... + 2 \cdot x_n \cdot f_n(X)$$

donde $\partial V/\partial x_i$ representa a la derivada parcial de V respecto de la variable x_i.

Si ahora suponemos que $f_i(X)$ es una simple función decreciente:

$$f_i(X) = -x_i$$

entonces:

$$dV/dt = x_1 \cdot (-x_1) + x_2 \cdot (-x_2) + ... + x_n \cdot (-x_n) =$$

$$= -2\cdot(x_1)^2 - 2\cdot(x_2)^2 - \ldots - 2\cdot(x_n)^2 =$$

$$= -2 \cdot SUM(i=1..n, (x_i)^2) < 0$$

Lo que esta ecuación quiere decir es que cuando al menos una de las entradas al sistema (x_i) está cambiando ($dx_i/dt <> 0$), entonces el sistema disipará energía ($dV/dt < 0$), y cuando todas las entradas dejen de variar ($dx_i/dt = 0$) entonces el sistema permanecerá estable ($dV/dt = 0$).

3.3.7.2 Teoremas de estabilidad global

Existen tres teoremas que describen la estabilidad en un amplio conjunto de sistemas dinámicos no lineales. Y como la mayor parte de los ANS son sistemas dinámicos <u>no lineales</u>, estos teoremas son muy útiles para describir la dinámica de la recuperación de información en sistemas autoasociativos y heteroasociativos, con feedback y continuos en el tiempo.

3.3.7.2.1 Estabilidad en sistemas no adaptativos autoasociativos:

Los sistemas no adaptativos (no tienen capacidad de aprendizaje) autoasociativos son paradigmas de ANSs que trabajan sobre un tiempo continuo, usan mecanismos feedback, y sufren cambios en los pesos, pero que son tan pequeños que se pueden considerar constantes. El teorema usado para probar la estabilidad de estos sistemas fue desarrollado por Cohen y Grossberg:

* **Teorema de COHEN-GROSSBERG**: Cualquier sistema dinámico no lineal de la forma:

$$dx_i/dt = a_i(x_i) \cdot [\ B_i(x_i) - SUM(j=1,...,n\ ,\ m_{ji} \cdot S_j(x_j)\ ]$$

y que cumpla:

a.- la matriz $//m_{ij}//$ es simétrica y $m_{ij} >= 0$

b.- la función $a_i(z)$ es continua para todo $z >= 0$

c.- la función $a_i(z) >= 0$ para todo $z >= 0$. la función $S_i(z) >= 0$ para todo $z >= 0$.

d.- la función $S_i(z)$ es diferenciable y monótona no decreciente para todo $z >= 0$

e.- la ecuación anterior describe la activación, dependiente del tiempo, de una red multicapa con coeficientes simétricos m_{ij}.

Cuando se cumplen estas condiciones, se pude encontrar una función de energía de Lyapunov y el sistema es estable. La función de Lyapunov será:

$$V = 1/2 \cdot \text{SUM}(\, i=1..n,\, \text{SUM}(\, j=1..n,\, m_{ij} \cdot S_i(x_i) \cdot S_j(x_j)\,)\,) -$$

$$- \text{SUM}(\, i=1..n,\, \text{INT}(0..x_i,\, S_i'(O_i) \cdot B_i(O_i) \cdot d(O_i)\,)\,)$$

donde INT(a..b, ...) representa la integración definida en el intervalo (a,b).

Probar este teorema requiere largas y complejas argumentaciones para terminar demostrando que el sistema está acotado y que la derivada de V decrece al variar X o es igual a 0 cuando no varía.

3.3.7.2.2 Estabilidad en los sistemas adaptativo autoasociativos:

Kosko ha introducido algunas extensiones al teorema anterior, eliminando la posibilidad de que el sistema no pueda aprender cuando está procesando información.

* **Teorema de COHEN-GROSSBERG-KOSKO:** Cualquier sistema dinámico no lineal de la forma:

$$dx_i/dt = a_i(x_i) \cdot [\, B_i(x_i) - \text{SUM}(j=1,...,n,\, m_{ji} \cdot S_j(x_j)\,]$$

y

$$dm_{ij}/dt = -m_{ij} + S_i(x_i) \cdot S_j(x_j)$$

y que cumpla:

a.- la matriz $//m_{ij}//$ es simétrica y $m_{ij}>=0$

b.- la función $a_i(z)$ es continua para todo $z>=0$

c.- la función $a_i(z)>=0$ para todo $z>=0$.

la función $S_i(z)>=0$ para todo $z>=0$.

d.- la función $S_i(z)$ es diferenciable y monótona no decreciente para todo $z>=0$

e.- la primera ecuación describe la activación, dependiente del tiempo, de una red multicapa con coeficientes simétricos m_{ij}.

f.- la segunda ecuación describe los cambios m_{ij}

Cuando se cumplen estas condiciones, se pude encontrar una función de energía de Lyapunov, siendo el sistema estable, al igual que en el anterior teorema. En este caso la función de Lyapunov:

V= 1/2·SUM(i=1..n, SUM(j=1..n, m_{ij}·$S_i(x_i)$·$S_j(x_j)$)) -

- SUM(i=1..n, INT(0..x_i, $S_i^{'}(O_i)$·$B_i(O_i)$·$d(O_i)$)) -

- 1/4·SUM(i=1..n, SUM(j=1..p, $(m_{ij})^2$)

como puede observarse es una función muy parecida a la del teorema de Cohen-Grossberg.

3.3.7.3 Estabilidad en los sistemas adaptativo heteroasocitivos:

El teorema de ABAM describe, en tres ecuaciones generales, las activaciones de ANSs de dos capas globalmente estables, que pueden aprender y adaptarse al mismo tiempo. Este teorema representa una implementación específica de dos capas, del teorema Cohen-Grossberg-Kosko, que es más general.

* <u>Teorema de ABAM</u>: Todo sistema dinámico Hebbian con señal de la forma:

$$dx_i/dt = -a_i(x_i) \cdot [\, B_i(x_i) - SUM(j=1,...,p\, ,\, m_{ji} \cdot S_j(y_j)\,]$$

$$dy_j/dt = -a_j(x_j) \cdot [\, B_j(x_j) - SUM(i=1,...,n\, ,\, m_{ij} \cdot S_i(x_i)\,]$$

$$dm_{ij}/dt = -m_{ij} + S_i(x_i) \cdot S_j(x_j)$$

y que cumpla:

a.- la matriz $//m_{ij}//$ es simétrica y $m_{ij}>=0$

b.- la función $a_i(z)$ y $a_j(z)$ es continua para todo $z>=0$

c.- la función $a_i(z)>=0$ y $a_j(z)>=0$ para todo $z>=0$. La función $S_i(z)>=0$ y $S_j(z)>=0$ para todo $z>=0$.

d.- la función $S_i(z)$ y $S_j(z)$ es diferenciable y monótona no decreciente para todo $z>=0$

e.- las dos primeras ecuaciones describen la activación, dependiente del tiempo, de capa F_X perteneciente a R^n y F_Y perteneciente a R^p respectivamente. Donde R es el conjunto de los números reales.

f.- la tercera ecuación describe los cambios en los pesos entre los PEs de F_X y F_Y contenidos en la matriz M perteneciente a $R^{n \cdot p}$.

Cuando se cumplen estas condiciones, se puede encontrar una función de energía de Lyapunov, siendo el sistema estable. La función será:

$$V = - \text{SUM}(i=1..n, \text{SUM}(j=1..n, m_{ij} \cdot S_i(x_i) \cdot S_j(y_j))) +$$

$$+ \text{SUM}(i=1..n, \text{INT}(0..x_i, S_i'(O_i) \cdot B_i(O_i) \cdot d(O_i))) +$$

$$+ \text{SUM}(i=1..p, \text{INT}(0..y_i, S_j'(z_j) \cdot b_j(z_j) \cdot d(z_j))) +$$

$$+ 1/2 \cdot \text{SUM}(i=1..n, \text{SUM}(j=1..p, (m_{ij})^2))$$

Una importante característica de este sistema es que el sistema está en equilibrio ($dV/dt=0$, es decir ni pierde ni gana energía) si y sólo si $dx_i/dt = dy_i/dt = dm_{ij}/dt = 0$ para todo i y j, y la estabilidad es conseguida en un tiempo exponencial.

3.3.7.4 Convergencia

Hay dos métodos de convergencia comunes a muchos paradigmas de los ANS:

(1) <u>Convergencia con probabilidad 1</u>: se define como

$$\text{LIM}(n \to \inf, P\{x_n = x\}) = 1$$

donde $P\{x\}$ es la probabilidad de x.

(2) <u>Convergencia de cuadrado medio</u>: se define como

$$\text{LIM}(n \to \inf, E\{/x_n - x/^2\}) = 0$$

donde $E\{x\}$ es el valor estimado de x, y x_n representa a una sucesión de los valores que va tomando la variable x del sistema.

La convergencia está directamente relacionada con el sistema de aprendizaje.

3.3.8 Metodología de trabajo.

Hasta ahora hemos visto los conceptos teóricos más importantes, así que en esta sección se abordarán los conceptos prácticos:

a) El simulador Software: Antes de empezar a trabajar necesitamos un simulador de redes neuronales. Este programa nos permitirá crear redes virtuales en la memoria del ordenador.

b) Elegir un modelo y determinar el problema: Existen muchos modelos de RN, cada uno con sus peculiaridades, que lo hace apto para unos tipos de problema e inadecuado para otros. En este punto deberíamos plantearnos qué es lo que queremos resolver y qué modelo se ajusta mejor a nuestras necesidades. Más adelante veremos los diferentes tipos de RN existentes, y cuando elegir cada uno.

c) Las capas: Una vez tengamos claro qué modelo nos interesa, tendremos que indicarle al simulador qué características tendrá. En concreto, deberíamos pensar cuántas capas son necesarias. Los esquemas más generales (como el MFN) nos permiten elegir el número que queramos, pero nunca será necesaria una quinta capa. Otros son más restrictivos e imponen un número fijo.

d) Entradas y salidas: En el paso b) ya determinamos el problema a resolver. Esto supone saber de qué forma se representará la entrada y la salida que debe aprender la red. Por ejemplo si deseamos que nuestra RN reconozca 3 tipos de caracteres gráficos diferente a partir de una matriz 10x10, entonces necesitaremos 3 neuronas de salida y 100 de entrada.

e) Capas ocultas: Las neuronas de las capas ocultas codifican la complejidad del problema. Raras veces podremos determinar una correspondencia exacta con las variables del problema. Su contenido es de difícil interpretación para el observador y tampoco existen teoremas o reglas que nos permitan descifrar su significado. De ahí que se les otorgue inicialmente un número de neuronas arbitrario. Generalmente son necesarios muy pocos PEs en estas capas en comparación con el número de entradas o salidas, y la primera capa oculta suele tener más neuronas que la segunda.

f) Configuración entrenamiento: Algunos modelos pueden tener más de un tipo de aprendizaje disponible. Elija la configuración más apropiada según las características del problema (generalmente la mejor será la que converja más rápido a la solución).

g) Conjunto de entrenamiento y validación: Ahora que ya sabe exactamente cómo va a ser su RN y qué problema va a resolver, ha llegado el momento de que reúna un conjunto de ejemplos lo más numeroso posible. Este conjunto incluirá para cada entrada, la salida que le corresponda (en el aprendizaje no supervisado sólo es necesaria la entrada). Estos ejemplos deben ser representativos, es decir deben incluir a los casos más comunes con los que se vaya a enfrentar la red. Cuanto más rigurosos seamos en esta fase mejores resultados obtendremos. Posteriormente debemos dividir el conjunto en dos, sin que las dos partes resultantes tengan elementos comunes. Uno de estos conjunto se usará en el entrenamiento y el otro en la validación.

h) Entrenamiento: Entrenamos la red usando el método y el conjunto previamente seleccionados. El objetivo es modificar los pesos para reducir al máximo el error. Podemos entrenarla hasta que alcance un error tan pequeño como deseemos o como sea capaz a lograr. A veces ocurre que la red entra en un mínimo local. Deberíamos sacarla empleando algoritmos como el annealing, que posteriormente se tratará en detalle. En otras ocasiones se observa que la red por mucho que la entrenemos no consigue bajar de un error umbral. Esto puede deberse a que el modelo o su configuración no sean los adecuados, a que el conjunto de entrenamiento no sea significativo o a que simplemente el problema no tenga solución.

i) Validación: Tras entrenar la red satisfactoriamente lo normal es comprobar cómo funciona. Para ello usaremos el conjunto de validación, que como hemos visto no tiene elementos comunes con el de entrenamiento. La razón está en que validar la red con el mismo conjunto con que fue entrenada (o parte de él) resulta engañoso. Cuando la entrenamos, la red aprende los ejemplos del conjunto de entrenamiento, pero también debe descubrir las reglas que rigen el problema. Cuando validamos estamos comprobando que haya aprendido esas reglas y no sólo los ejemplos. Lo normal es obtener un error de validación ligeramente superior al de entrenamiento, pero si esta diferencia es demasiado grande entonces el entrenamiento no está completo. Debemos continuarlo añadiendo los ejemplos de validación a los de entrenamiento. Si posteriormente queremos validar debemos buscar nuevos casos para construir un nuevo conjunto.

j) Chips neuronales: Tras la creación de una red lógica correcta, quizás deseemos implementarla en un chip de silicio. Las ventajas que esto conlleva son una velocidad de operación muy superior a las de una simulación Software. El mayor inconveniente es el alto coste de la primera copia, de ahí que los chips sólo se creen de cara a ser comercializados.

Como se indicó en el paso e) el número de PEs en las capas ocultas, o incluso cuántas capas ocultas pueden llegar a ser necesarias, no puede saberse de antemano. Para dar con el número correcto suele seguirse la siguiente metodología:

a) Entrenar y validar la red sin capas ocultas. Anotar el error obtenido y si es aceptable salir del algoritmo.

b) Entrenar y validar con una capa oculta de una sola neurona. Anotar su error y si es aceptable salir.

c) Repetir el paso b) tantas veces como fuera necesario hasta que se obtenga un error aceptable, o hasta que observemos que dicho error ha crecido respecto al paso anterior.

d) Ante un incremento del error al añadir una neurona en el paso e), se crea una segunda capa oculta (si es que el modelo la admite), y se repiten los pasos b) y c) pero ahora tanto sobre la primera capa oculta como sobre la segunda.

No debemos olvidar durante el aprendizaje, que al ir añadiendo un mayor número de PEs en las capas ocultas, se van creando más mínimos locales en el mapa energético de la red.

PEs Ocul1	PEs Ocul2	Err Entren.	Err Valid.	Err RMS
1	0	4.313	4.330	0.2081
2	0	2.714	2.739	0.1655
3	0	2.136	2.148	0.1465
4	0	0.471	0.485	0.0697
5	0	0.328	0.349	0.0590
10	0	0.319	0.447	0.0668
3	7	0.398	0.414	0.0643
7	3	0.113	0.163	0.0403

En la parte superior de esta página puede apreciarse una tabla con los resultados obtenidos al entrenar a una red, para diferentes configuraciones de sus capas ocultas. La red tenía que aprender a aproximar la función diente de sierra (periódica) y para ello se le suministraron 300 puntos a modo de conjunto de entrenamiento. La columna del error de entrenamiento muestra el error MSE para este conjunto multiplicado por cien.

Para realizar la validación se ha suministrado un conjunto de 1000 puntos. El error generado por este conjunto se recoge en la cuarta columna. También en este caso se trata del error MSE multiplicado por cien. La última columna representa este mismo error pero tras aplicarle la raíz cuadrada (error RMS).

En la tabla se aprecian varias cosas. En primer lugar cuando la red tiene 3 capas existe un número mágico de neuronas a partir del cual el error disminuye bruscamente. Esta frontera está en 4 neuronas. Cuando la red tiene menos neuronas se observan unos errores muy altos. Esto se debe a que simplemente no tiene la capacidad suficiente para comprender el problema.

Un aspecto también importante es que a partir de 10 neuronas el error de validación, que es el que realmente nos interesa, crece en lugar de disminuir. Esto se debe a que al añadir más neuronas la red aumenta su capacidad para aprender más cosas. Si esta capacidad crece demasiado, la red puede aprender características propias de los ejemplos del conjunto de entrenamiento, perdiendo su capacidad para generalizar.

Usar una segunda capa oculta nos permitirá seguir bajando el error, sin perder capacidad de generalización.

3.3.9 Epoch.

Por último introducir el concepto de **epoch**. Al configurar el entrenamiento en el paso f) uno de los parámetros a indicar, independientemente del modelo suele ser el tamaño del epoch. Un epoch en un subconjunto del conjunto de entrenamiento. En la práctica el conjunto de entrenamiento no se suele mostrar de una sola vez a la red neuronal, sino que se le presentan epoch aleatorios.

Así en cada iteración del aprendizaje se crea un epoch con elementos del conjunto de entrenamiento, pero organizados según un orden aleatorio. La red observará el error cometido para este epoch y a continuación ajustará sus pesos según el algoritmo seleccionado. De esta forma se evita que surjan dependencias en el orden de presentación de los ejemplos, es decir evitamos condicionar el aprendizaje.

3.3.10 Medida del error

Durante todo el capítulo hemos estado diciendo hablando del error que producen las redes neuronales para un determinado conjunto de ejemplos, pero no se ha hecho una verdadera exposición de cómo se calcula este error o de qué significa.

La mayor parte de las RN emplean algoritmos basados en reducir el error que la red produce para un conjunto. Existen varios métodos para medir este error:

A) Error de mínimos cuadrados (MSE): Se calcula hallando la diferencia entre el error deseado y el obtenido, y elevándolo al cuadrado. Esta operación se repite para cada neurona de salida, acumulando el resulta. Luego se haya la media del total. Matemáticamente sería:

MSE-j= 1/n·SUM(i= 0..n-1, $(t_i-o_i)^2$)

donde t_i es la salida deseada, o_i la obtenida y n el número de neuronas de la capa de salida. Esta ecuación puede generalizarse para ser aplicada para todo un conjunto de ejemplos en lugar de a uno solo. Bastará con calcular el error MSE para el elemento i-esimo del conjunto y añadirlo a un acumulador. Finalmente se calcula la media para todos los elementos del conjunto. Matemáticamente:

MSE conj.= 1/m·SUM(j=0..m-1, MSE-j)

donde m es el número de ejemplos en el conjunto.

B) Error RMS: El error RMS se calcula hallando la raiz cuadrada del error de MSE. Así sus expresiones matemáticas quedan como:

$$\text{RMS-j} = \left(1/n \cdot \text{SUM}(i = 0..n-1, (t_i - o_i)^2) \right)^{1/2}$$

para un único ejemplo y como:

$$\text{RMS conj.} = 1/m \cdot \text{SUM}(j = 0..m-1, \text{RMS-j})$$

para un conjunto de ejemplos.

NOTA: El error MSE no es lineal, de ahí que sea más usado el RMS que si lo es. El hecho de que sea lineal nos facilita la comparación de errores. De hecho no sólo son usados en el mundo de las RN sino que también son útiles en otros campos.

4 Aplicaciones de las redes neuronales

Las características especiales de las redes neuronales (RN) discutidas en capítulos anteriores, hacen que sean muy útiles en gran variedad de situaciones. Como hemos visto su principal diferencia con una máquina convencional es su forma de enfrentarse a los problemas, que se encuentra muy cerca de la forma en la que trabaja el cerebro humano.

A continuación se muestran algunos de los campos en los que existen aplicaciones para las redes neuronales. Como se verá éstos son muchos y es predecible que vayan aumentando con el tiempo.

Al final de este capítulo se incluye una sección dedicada a las nuevas tecnologías que han surgido junto con las redes neuronales, y los diferentes congresos y conferencias en los que se reúnen los expertos en la materia.

4.1 Lectura y reconocimiento de caracteres.

Terrence Sejnowski ha aplicado las RN en el área de la lectura. Es decir ha creado una red capaz de leer un texto escrito en lengua inglesa. Debemos recordar que la fonética anglosajona posee una complejidad mucho mayor que la hispana.

El primer paso consiste en que un lingüista transcriba las palabras en fonemas. Tras esta transformación previa se presentan dichos fonemas a la red, la cual produce una salida que puede ser escuchada a través de un sintetizador de voz. La red lleva por nombre **NETtalk** y su sintetizador **DECtalk**.

Antes de ser entrenada produce ruidos sin sentido, pero poco a poco el entrenamiento hace que NETtalk empiece a producir sonidos legibles hasta alcanzar una buena pronunciación.

Tras varias sesiones de entrenamiento la red no solamente ha aprendido el conjunto de palabras usada durante el proceso de aprendizaje, sino que también ha conseguido inferir las reglas que rigen la fonética inglesa.

La generación de voz a partir del texto es algo es algo que había sido afrontado antes de aparecer NETtalk, pero era necesario introducir en el ordenador complejas reglas fonéticas.

La misma arquitectura usada por NETtalk ha sido empleada con éxito para transcribir secuencias de DNA y localizar proteínas.

Por otro lado existen trabajos relacionados con el reconocimiento de caracteres. Tanto caracteres de imprenta como escritos a mano. Como ejemplo podrían ponerse los desarrollos de la compañía NESTOR, que ha creado una RN capaz de reconocer el Kanji (alfabeto japonés). También existen aplicaciones basadas en los métodos de computación tradicionales, pero las RN se muestran más rápidas y fiables con los caracteres confusos.

Mención aparte merece el modelo desarrollado por K. Fukishima, denominado **Neocognitrón**. Esta red multicapa simula la forma en que la información fluye por el cortex del cerebro humano. El Neocognitrón se caracteriza por su habilidad para reconocer patrones independientemente de su orientación o distorsión.

4.2 Compresion de imagenes y datos.

Dentro de un computador cada punto de una imagen y su color, pueden llegar a necesitar 1 byte, aunque esta cifra varía mucho según el número de colores que queramos representar. Supongamos que tenemos una imagen de 256x256 puntos. Necesitará 65.000 bytes de memoria (65 Ks). Esta cantidad de memoria es tan grande, cuando la matriz de puntos aumenta, que con el tiempo han surgido diversos algoritmos de compresión. Su gran problema común está no sólo en la complejidad de su programación, sino también en el alto tiempo de CPU necesario para, primero comprimir y luego descomprimir la imagen.

En la Universidad de California D.Zipper y W.Cottrell han aplicado las redes neuronales a este campo. Para ello han usado redes de tres capas a las que han permitido autoorganizarse y predecir cuál será la mejor asignación. El resultado han sido compresiones de hasta 8:1, y sin grandes pérdidas de calidad para una clase predeterminada de grises.

4.3 Problemas combinatorios.

Las RN también han mostrado algunos comportamientos prometedores en este campo. Un viejo problema combinatorio es el del viajante. Consiste en encontrar el camino más corto que une todos los puntos que debe recorrer un viajante. Este problema es de tipo NP-complejo, es decir tiene una solución de complejidad no polinómica. Las soluciones computacionales requieren un tiempo que se incrementa exponencialmente al aumentar el número de puntos a visitar.

John Hopfield y David Tank han desarrollado una RN que intenta afrontar este problema. Para ello representan la distancia entre las ciudades por conexiones caracterizadas por un peso. Cuando los elementos procesadores (PEs o neuronas) estabilizan su salida, se considera que se ha encontrado una ruta, que si no es la óptima está cercana. Hopfield y Tank usaron una función de energía, que posteriormente fue mejorada por Harold Szu.

4.4 Redonocimiento de patrones.

El reconocimiento de patrones en imágenes ha sido ampliamente explorado. A continuación se muestran algunos trabajos.

4.4.1 Aplicaciones militares:

Sejnowski y Gorman han aplicado la backpropagación a algunas redes neuronales con el objetivo de identificar objetos a través del sónar. Para realizar esta identificación nunca ha habido otro método mejor que la experiencia humana, de ahí el interés de este trabajo. Sejnowski y Gorman consiguieron desarrollar una red hasta operar con una eficacia comparable a la de un hombre bien entrenado.

4.4.2 Aplicaciones a la indústria:

David Glover ha obtenido buenos resultados usando la backpropagación en máquinas de visión artificial. Usa un procesador óptico de Fourrier para codificar la información visual, en tiempo real, dentro de un vector de 32 elementos, que guarda algunas de las características de la imagen. Este vector es usado como capa de entrada de una RN, la cual tiene una capa oculta con 20-40 neuronas, y una capa de salida cuyas neuronas se corresponden con cada una de las clases que se pretenden reconocer.

Glover concluyó que la backpropagación es una alternativa a los métodos tradicionales, consiguiendo incluso algunas mejoras, como la total falta de la intervención de un operador, y el no tener que partir de suposiciones previas basadas en estudios estadísticos. Sin embargo resulta importante elegir unos ejemplos de entrenamiento significativos.

4.4.3 Procesamiento de señales:

En este campo son muchas las soluciones que pueden darse, desde la rectificación y reconocimiento de señales con ruidos, hasta la predicción de impulsos. Por ejemplo supongamos que nos interesa transmitir por una línea (con ruido blanco gausiano) una señal cualquiera. Si la línea es lo suficientemente larga será necesario incluir, entre emisor y receptor, uno o más repetidores según las características de la línea. Estos repetidores se encargan de amplificar, y en la medida de lo posible, devolver la forma original a la onda que reciben. Cuando la señal a transmitir es una onda cuadrada el repetidor es sencillo y barato, pero cuando es más compleja el repetidor se complica muchísimo y también se elevan los costes. Las RN son una alternativa sencilla, barata e independiente de la señal a transmitir. Las redes MFN son capaces de aprender cualquier función matemática, así que son ideales para estos problemas.

4.5 Predicción de series temporales:

En el mundo financiero y estadístico este tema tiene gran importancia. Supongamos que queremos adivinar el siguiente valor de una serie temporal. Lo normal sería que tratáramos de describir matemáticamente el modelo del sistema estudiado, pero en muchos casos reales esto es simplemente inabordable, bien por la complejidad (lo normal es que se trate de sistemas no lineales), o por el desconocimiento de las variables que rigen su dinámica.

Los métodos tradicionales al igual que las RN inspeccionan los valores que tomó la serie en el pasado para adivinar el siguiente valor. La backpropagación ha demostrado tener una capacidad de predicción superior a los métodos lineales o polinómicos (esto se debe a que las interpolaciones realizadas por una RN son no lineales, y probablemente el modelo que describa al sistema sea también no lineal).

4.6 Servocontrol

Uno de los problemas más difíciles en el control de sistemas mecánicos complejos, basados en servosistemas es compensar las variaciones físicas. Encontrar métodos computacionales para resolver este problema, ha sido uno de los mayores retos de la robótica, debido a que suele necesitarse un tiempo de respuesta muy rápido. Además está la dificultad a la hora de determinar con exactitud las variaciones sufridas y la dificultad de modelizar los sistemas.

A este respecto se han realizado algunos trabajos con RN obteniendo algunos éxitos, si bien éste es un campo amplio en el que aún queda mucho por hacer.

4.7 Nuevas tecnologías

Con el advenimiento de las redes neuronales han surgido nuevas tecnologías, con el objetivo de facilitar la creación y diseño de sistemas neuronales. A continuación se describen los diferentes campos de acción:

4.7.1 Simuladores y chips neuronales:

La creación de una red neuronal puede realizarse básicamente a dos niveles: Software y Hardware. A nivel Software están los simuladores y a nivel Hardware están los chips. Podemos ver el diseño de una red neuronal como el de un circuito eléctrico. Primero se determinan sobre el ordenador las características que habrá de tener la red (modelo, número de capas, neuronas o PEs en cada capa, etc). A continuación se comprueba, usando un simulador, el comportamiento de la red y se la entrena hasta que produzca los resultados deseados. Una vez se tiene el diseño lógico de la red en la memoria del ordenador, hay que convertirla en un chip. Es decir en un circuito eléctrico que simule el comportamiento de la red lógica.

Dentro del ciclo de desarrollo este proyecto trata de cubrir la primera parte, el diseño lógico, implementando para ello un simulador sobre la plataforma PC+Windows.

La mayor parte de los simuladores existentes han sido creados para estaciones de trabajo y máquinas Unix. Sin embargo dado el avance del mundo del PC, hoy en día están apareciendo algunos simuladores potentes para esta plataforma.

Por otro lado la complejidad de los conceptos manejados ha conseguido que los simuladores sean usados sólo por un colectivo muy especializado. Es por ello que el número de usuarios es relativamente bajo. De ahí que los diseñadores de estas aplicaciones no se hayan esmerado mucho en hacer que sus programas sean cómodos y fáciles de manejar. Por todo ello se incluyó como objetivo en este proyecto crear un simulador sencillo de cara al usuario, que ocultase su complejidad interna, pero sin perder potencia. El entorno de programación elegido ha sido Windows 3.1 ya que es un sistema muy extendido y fácil de manejar, si bien complica mucho la programación.

Existen dos tipos de simuladores. Por un lado están los más restrictivos, que sólo permiten implementar aquellos modelos para los que han sido previamente programados. Por otro lado están los simuladores que permiten implementar nuevos modelos a parte de los ya existentes. Su mayor inconveniente es que son más difíciles de manejar y requieren que el usuario sepa exactamente lo que quiere hacer. Para este proyecto se eligió seguir los esquemas del primer tipo de simuladores, pues raras veces suele ser necesario implementar nuevos modelos, a no ser de cara a la investigación. Por otro lado el objetivo fundamental del proyecto es explorar los modelos ya existentes, sin tratar la creación de otros nuevos.

En cuanto a la fabricación de circuitos integrados neuronales, decir que su creación ha supuesto siempre un problema y aún hoy se están perfeccionando las técnicas. En cualquier caso ya es existen desarrollos comerciales por parte empresas como INTEL, SIEMENS, NESTOR o SYNAPTICS.

4.7.2 Procesadores ópticos.

Otra de las nuevas tecnologías que han surgido estos años ha sido el uso de procesadores ópticos para implementar RN. Estos procesadores son una opción viable y alternativa a los chips de silicio, dado que comparten muchas características comunes con las RN. Entre estas características se encuentran su naturaleza paralela y el estar compuestos por grandes arrays.

Los constructores de estos procesadores afirman que esta tecnología permitirá crear grandes redes en las que haya muchos canales, muy cercanos entre si, y sin que surjan interferencias (como ocurre en las implementaciones con chips de silicio).

4.8 Puntos de contacto.

Para aquellos que deseen saber más sobre las diferentes aplicaciones de las RN pueden consultar la bibliografía. Sin embargo, dada la velocidad a la que se desarrolla este campo, lo mejor sería acudir a alguno de los diferentes congresos y certámenes que tienen lugar en todo el mundo.

A continuación se incluyen algunas referencias:

- **US-JAPAN Joint Conference on Cooperative/Competitive Neural Networks**: tiene lugar en Kyoto (Japón). Fue celebrada por primera vez en 1982. Su fundador fue Shun-ichi Amari de la Universidad de Tokyo.

- **Neural Networks for Computing**: Celebrada por primera vez en 1985, esta conferencia tiene lugar en Utah todos los años. Imprescindible invitación.
- **International Conference on Neural Networks**: Organizada por el Institute of Electrical and Electronics Engineers (IEEE) y el International Neural Network Society (INNS). Tiene lugar en San Diego, y es una de las mayores conferencias del mundo.
- **IEE Conference on Neural Information Processing Systems (NIPS):** Celebrada en Denver, se reafirma año a año como una cita obligada.

5 Historia de las redes neuronales

5.1 La metáfora de Neumann:

John von Neumann fue un ingeniero que ha pasado a la historia por proponer una primera arquitectura para los computadores. Su idea se basaba en una metáfora sobre lo que en aquella época se sabía del cerebro humano. Neumann dividió al ordenador en tres partes principales: la memoria, donde se almacena toda la información, la ALU (Unidad Aritmetico Lógica), encargada de realizar todas las operaciones de cálculo (sumas, restas, etc) y lógicas (AND, OR, etc), y la CPU (Unidad de Control) que se encarga de coordinar y dirigir todos los procesos.

Esta arquitectura continúa siendo usada por los ordenadores actuales y es ampliamente conocida. Sin embargo, la mayor parte de los ingenieros han olvidado que cada una de las tres partes de esta estructura tratan de reflejar otras tantas funciones del cerebro.

Los ordenadores han evolucionado mucho en muy poco tiempo. Cada vez son más rápidos, más pequeños y con más prestaciones. Pero la idea fundamental en la que se basan, sigue siendo la misma que en sus primeros tiempos. Actualmente la informática avanza hacia el perfeccionamiento del Hardware, pero no parece haber mucha inquietud en abandonar los esquemas de organización tradicionales.

Estos esquemas han conseguido éxitos indiscutibles, que han convertido al ordenador en la máquina (y el negocio) del siglo XX. Sin embargo un oscuro problema comienza a visualizarse en el horizonte: Las limitaciones físicas del Hardware.

Siempre que ha sido necesario resolver problemas mayores, los diseñadores se han esforzado en mejorar la tecnología de construcción, acercándose poco a poco a los límites de los componentes. Un buen ejemplo es el mundo del PC: ha principios de los 80 se vendían como muy potentes CPUs a 3 y 4 Mhz, y ahora esa cifra se ha multiplicado por 50. Como contrapartida, las CPUs alcanzan con facilidad más de 70 grados, lo que obliga a incluir refrigeración por medio de ventiladores, y disipadores. Por su parte los ordenadores Cray (considerados los más potentes del mundo) necesitan refrigeración líquida.

Hace ya algún tiempo que los ingenieros empezaron ha sentirse intranquilos ante este problema y crearon máquinas con varias CPUs trabajando al mismo tiempo en resolver el mismo problema. Con ello se lograba repartir el trabajo, en lugar de otorgárselo a un único procesador. Surgieron así las arquitecturas paralelas. Si reflexionamos veremos que estos diseños tratan de mejorar la metáfora de Von Neuman. Ahora ya no hay una sóla CPU si no varias, y cada una opera por separado, con su propia memoria y ALU. En definitiva nos hemos acercado un poco más al cerebro, al que podemos ver como formado por minúsculos procesadores (neuronas) que operan independientemente.

La idea era buena y el salto conceptual importante, pero el paralelismo se encontró con problemas que ponen trabas a su desarrollo. Por un lado está la complejidad del Hardware, que se multiplica al añadir más elementos procesadores, y por el otro nos encontramos con la necesidad de construir un Software demasiado especializado para poder aprovechar dicho Hardware. En otras palabras la complejidad aumenta mucho y con ella los costes de producción, desarrollo de programas y mantenimiento.

Resultan pues soluciones demasiado caras, que sólo han encontrado salidas en mercados muy especializados. Además, a pesar de toda su complejidad, ni las arquitecturas paralelas ni las monoprocesador han conseguido nunca superar la máquina a la que intentan imitar, el cerebro humano. Así mientras que cualquier ordenador se muestra muy rápido y eficaz a la hora de realizar operaciones aritméticas y lógicas, el hombre le supera en muchos otros aspectos, siendo el más destacado la capacidad de razonamiento que le permite analizar nuevos problemas y tomar decisiones por sí mismo.

5.2 La inteligencia artificial:

Con la evolución de los computadores han aparecido nuevas ciencias y áreas de conocimiento. De todas ellas nos interesa la **inteligencia artificial** o **IA**. La IA apareció con el objetivo de crear comportamientos inteligentes en los ordenadores, buscando métodos que pudieran simular procesos propios de los cerebros biológicos, como la visión (reconocimiento de objetos en dos y tres dimensiones) o la capacidad de razonamiento orientada al análisis y toma de decisiones. Para ello se partió de trabajos previos como la lógica formal y simbólica (basada en operaciones AND, OR, XOR, implicaciones, etc). Se eligió pues una base matemática bien conocida a la que el empuje de miles de investigadores hizo evolucionar durante varias décadas.

Se consiguieron algunos resultados interesantes pero también aparecieron problemas difícilmente evitables. El más importante ha sido siempre la lentitud en encontrar las soluciones a problemas, que como es el caso de la visión, requerían respuestas muy rápidas. A pesar de ello las investigaciones continuaron con la esperanza de que el Hardware fuese aumentando su potencia.

5.3 Las redes neuronales:

En medio de este contexto comenzaron a surgir investigadores como Widrow o Minsky, que durante los años cincuenta y sesenta fundaron una nueva rama dentro de la Inteligencia Artificial, que acercaba todavía más la metáfora al cerebro. La idea era simple, reproducir el funcionamiento del cerebro tal cual es. Es decir, usar neuronas en lugar de CPUs, eliminar los conceptos de ALU y memoria, y dejar que éstos aparezcan en la propia organización de las neuronas. Así Minsky en la temprana fecha de 1951 creó la primera red neuronal artificial. Construida a base de 40 'neuronas' conectadas entre sí. Esta red tenía la asombrosa capacidad de aprender por si misma, ajustando las conductancias de las líneas que unían a dichas neuronas (sinapsis).

De forma independiente Widrow construyó la **ADALINE**, una máquina que al igual que la de Minsky se basaba en el concepto de neuronas artificiales capaces de aprender a resolver problemas. Este modelo sólo tenía una neurona con múltiples entradas, pero a pesar de su simplicidad era capaz de mostrar comportamientos inteligentes. Posteriormente él mismo creó la **MADALINE** basada en múltiples ADALINES.

Widrow es un claro ejemplo de los problemas que atravesaron los primeros pioneros. Sus máquinas comenzaban sorprendiendo a la gente, pues dada su simplicidad eran relativamente potentes, pero no tardó en producirse un rechazo. En aquellas fechas el Departamento de Defensa de los E.E.U.U. se gastaba millones de dólares en investigar proyectos de IA tradicional. El dinero sirvió para atraer a muchos investigadores, y se formó una dinámica sociedad de científicos en la que los modelos matemáticos complejos y la lógica simbólica, eran el arma para resolver cualquier problema.

Esta comunidad veía en cualquier otra alternativa una amenaza a los intereses económicos creados. Widrow vio como sus colegas consideraban a su sencilla red un mero juguete y evitó exponerla. Sin embargo Minsky no solo defendió su trabajo si no que lo continuó, estimulando así desarrollos por parte de otros investigadores.

Por otro lado Frank Rossenblatt durante la segunda mitad de los cincuenta, construyó varias versiones de un nuevo modelo de red al que denominó **PERCEPTRON**. Este modelo de red neuronal ha gozado de gran popularidad hasta nuestros días, no en vano originó muchas expectativas.

De hecho la comunidad dedicada a la IA tradicional se intranquilizó al descubrir la facilidad con la que resolvía, parcialmente, el viejo problema de la visión por computador. El perceptrón tenía su principal baza el la rapidez (casi instantánea) con la que reconocía patrones.

Sin embargo a pesar de las promesas que ofrecían las redes neuronales, la mayor parte de la comunidad científica siguió dándoles las espalda, amparada en la falta de base matemática de los modelos. Rosenblatt y otros diseñadores fueron incapaces de darle una verdadera dimensión teórica a sus resultados, que permitiera describir la dinámica de las redes. Y sin conocer la dinámica no se podían conocer las limitaciones.

Minsky comenzó entonces a estudiar el PERCEPTRON, ayudado por Seymor Papert, basándose en la idea de que Rosenblatt estaba realizando afirmaciones que no podían ser demostradas. Les preocupaba el hecho de que los defensores del perceptrón aseguraran que éstos eran capaces de aprender, sin necesitar programación ni estructura previa, reivindicando la posibilidad de autoorganizarse mediante la mera observación del mundo.

El resultado fue el libro **"*Perceptrons*"** en el cual se realizaba un estudio rigurosamente matemático de las limitaciones del perceptrón. Minsky y Papert consiguieron demostrar que el perceptrón de dos capas solo trabaja correctamente en espacios con soluciones linealmente separables. En otras palabras, el modelo de Rosenblatt solo podía resolver un tipo muy concreto de problemas. Minsky y Papert escribieron en su libro:

"El perceptrón ha demostrado ser merecedor de interés a pesar de sus severas limitaciones. Tiene muchas características que lo hacen atractivo: su linealidad, su curioso algoritmo de aprendizaje, la simplicidad de su paradigma dentro de la computación paralela. No existe ninguna razón para suponer que alguna de estas virtudes desaparezca al extender el estudio a los modelos de más de dos capas. En cualquier caso consideramos que ha sido un importante trabajo de investigación, pero que intentar extenderse en él resultaría estéril."

5.4 La maquina de Turing y la computabilidad.

Pero, ¿qué es exactamente lo que demostraron Minsky y Papert?. Veamos:

Los defensores del perceptrón creían posible que pudiera, mediante la mera observación del mundo y sin conocer ninguna regla sobre su estructura, llegar a autoorganizarse y conseguir descubrir y describir por si solo las leyes y reglas del mundo. Esta idea no era nueva, y ya se había planteado y había atormentado a filósofos como Hume y Kant. Lo que había cambiado era el centro de la discusión. Si Kant hablaba del cerebro humano, Rosenblatt llevó la discusión filosófica hasta una máquina que se parecía un poco a un cerebro biológico.

Aproximadamente a principios de siglo, a matemáticos y filósofos como Alfred North Whitehead, Bertrand Russell y Gottlob Frege, les pareció posible formar un sistema lógico completamente formal sobre la base de la autoorganización, para descubrir el mundo sin partir de conocimientos previos. El problema estaba en que si toda la información que recibimos llega a nuestra mente a través de los sentidos, éstos nos condicionan. Sin embargo, una lógica completamente formal podía excluir cuestiones de este tipo y apelar a fuentes externas de nuestro conocimiento como base para probar verdades matemáticas. Podría escapar también a interminables argumentos filosóficos sobre la fuente de la verdad y la relación entre categorías percibidas y las formas mentales.

Pero el trabajo de Godel continuado por Turing consiguió demostrar que la búsqueda de una conclusión completamente formal estaba condenada al fracaso. En 1931 Godel publicó su teorema de la incompletitud, en el que demostraba que modelos como los de Whitehead y Russell tenían por *necesidad* ser incompletos. Godel demostró que debían existir proposiciones no decidibles en un sistema semejante, proposiciones que no podrían ser probadas o refutadas usando cualquiera de las reglas del sistema.

El trabajo de Turing confirmó al de Godel. Pero Turing demostró también, que a pesar de que un sistema completamente formal era imposible, sistemas formales específicos podían ser notablemente potentes y expresivos. Turing, Post, Church desarrollaron de manera independiente sistemas específicos que eran completos en el sentido de que, si bien no podían probar o refutar todas las proposiciones, podían generar formalmente todos los teoremas demostrables de la lógica.

La estructura formal creada por Turing se llamó **Maquina Universal de Turing**. Esta máquina que no tuvo una implementación física como el perceptrón, si no que fue un modelo lógico, podía simular cualquier teorema lógico en este sistema. La máquina de Turing manipulaba los símbolos de la lógica, sus pruebas, sus teoremas, en forma de unos y ceros sobre una cinta de papel. Con estos unos y ceros y bastante cinta era capaz de expresar cualquier teorema comprobable producido en cualquier sistema lógico.

El contenido exacto de estas señales de lógica no importaba, al menos a la máquina, ni el contexto en el que ocurrían. Tampoco importaba la naturaleza original del sistema formal que la máquina duplicaba, ni cómo expresara sus pruebas y teoremas lógicos ese sistema formal original. La máquina de Turing siempre podía encontrar una manera de expresarlo en unos y ceros. En este sentido se puede decir que es una máquina **universal**.

Gran parte de la moderna informática y de nuestras analogías para pensar sobre el cerebro provienen de esta sencilla formulación. De hecho en la máquina de Turing está ya implícita la definición y separación entre Hardware y Software.

Por otro lado destacar también que la máquina de Turing es serial y recursiva. Este principio de recursividad, por el que cualquier problema puede dividirse en otros más pequeños hasta alcanzar algún tipo de núcleo final, está en el centro del proceso simbólico y en la forma en que los lenguajes de la IA están estructurados (por ejemplo el Prolog).

La universalidad de la máquina de Turing no implica que un ordenador digital puede resolver cualquier problema, pues se trata de una idealización teórica que dispone de un tiempo y una longitud de cinta infinitas. Es decir transformar un problema en unos y ceros puede ser demasiado costoso como para tener un uso práctico. Lo que Turing garantizaba es que con el tiempo necesario podría resolver cualquier problema calculable.

Turing no vivió para ver ningún ordenador y mucho menos una red neuronal, pero su trabajo ha sido muy útil para de la ciencia de la **Computabilidad**. La computabilidad se encarga de dada una máquina física o lógica, estudiar que clase de problemas es capaz a resolver o computar.

Generalmente esto se ha hecho utilizando a la máquina de Turing como referencia. Si conseguimos demostrar que una máquina puede imitar a la máquina de Turing, entonces sabremos que tiene al menos las mismas capacidades de universalidad. El problema surge al tratar de ver si la máquina supera las capacidades de Turing.

Antes de los perceptrones nada había conseguido superarla (ni siquiera el más potente de los Cray puede ni podrá, si bien cualquier ordenador puede igualarla). Lo que Rosenblatt y sus seguidores reivindicaban era la posibilidad de que el perceptrón igualara o incluso superara a la máquina de Turing en su universalidad.

Minsky y Papert se preguntaron ¿es el perceptrón un ordenador universal?, y la respuesta fue NO. Demostraron por ejemplo que los perceptrones estaban limitados por sus dispositivos de entrada.

Su dependencia a las disposiciones, con un número de puntos de entrada finitos los inhabilita para computar funciones globales tales como la completibilidad y la relacionalidad (¿cómo puede una disposición limitada decir si una figura en completa fuera de su disposición?). Pero también confirmaron parte del trabajo de Rosenblatt, probando su teorema de convergencia global en el aprendizaje.

Por su parte Widrow se dio cuenta de que la Adaline era un dispositivo también muy limitado. Tan sólo podía aprender modelos linealmente separables, es decir que no tuvieran puntos en común. Matemáticamente la Adaline creaba un hipercubo (cubo n-dimensional). Sus pesos creaban un hiperplano (plano n-dimensional) que dividía ese hipercubo de un modo que representaba la categorización correcta. Así pues, una sola Adaline no podía construir un hiperplano para separar categorías si estas contenían elementos superpuestos. El perceptrón de Rosenblatt tenía un problema similar tal y como descubrió el trabajo de Minsky.

Debido a la rotundidad del libro de Minsky y a la falta de otros trabajos serios, las redes neuronales perdieron el interés para casi todo el mundo, y en la década de los setenta fueron muy pocos los que continuaron investigando, intentando romper las limitaciones del perceptrón.

Destacan los trabajos de Sejnowki, Rumelhart, Sutton, Barto, Kohonen y la creación de la primera empresa dedicada a la comercialización de chips basados en redes neuronales, la **NESTOR Asc**.

Por su parte y de forma completamente independiente Rosenblatt y Widrow también trataron de romper las limitaciones de sus máquina. Observaron que para eliminar el problema de la, aumentar el número de sinapsis y pesos no servía más que para aumentar la complejidad del hipercubo.

La creación de redes en capas de perceptrones y Adalines prometía solucionarlo. Sin embargo y aunque lo intentaron, no dieron con la solución al no disponer de las herramientas matemáticas necesarias.

5.5 La década de los ochenta:

Las redes neuronales parecían destinadas al fracaso, pero a principios de los ochenta las cosas empezaron a cambiar. El físico John Hopfield en colaboración con David Tank inició en 1982 una investigación para probar que una red neuronal podía trabajar como una memoria asociativa. Para ello Hopfield tomó prestadas las matemáticas desarrolladas para predecir el comportamiento de un estado muy peculiar de la materia: el cristal espinazado.

Por otro lado y de manera independiente entre 1985 y 1986 tres investigadores descubrieron el algoritmo de **backpropagación** o **retropropagación**, capaz de entrenar satisfactoriamente a las redes neuronales multicapa. A partir de aquí se produjo una auténtica revolución, multiplicándose los diseños que, según sus creadores, eran capaces a reconocer objetos, gramáticas, etc.

Mientras tanto el progreso de la IA simbólica se había ralentizado. Los sistemas expertos habían logrado éxitos reproduciendo razonamientos humanos conscientes, pero tenían serias dificultades al tratar los procesos inconscientes del cerebro humano, como el tratamiento del lenguaje o la visión (justo el punto fuerte de las redes neuronales).

En 1988 el Ministerio de defensa norteamericano abandonó los proyectos de IA simbólica y bendijo a las redes neuronales con la promesa (parcialmente incumplida) de invertir 400 millones de dólares en investigación. Esto terminó por consolidar una revolución quizás un tanto temprana. Incluso puede decirse que las redes neuronales (a partir de ahora RN) están alcanzando un cierto tirón comercial. Decir que un producto está basado en RN hace que parezca nuevo, mejorado, etc.

Sin embargo un buen científico no debe dejar que las modas le guíen, y debe darse cuenta de que las RN aún están naciendo, de que hacen falta algoritmos mejores (la backpropagación funciona pero es muy lenta) y sobre todo modelos matemáticos para describir con detalle su dinámica.

5.6 La situación actual:

Hoy en día el mundo de las RN ha evolucionado hasta convertirse en un monstruo con dos cabezas. Por un lado está una rama más vinculada con la informática, las matemáticas y la computabilidad, y por otra parte está la tendencia biológica.

La corriente informática ha aprovechado el paulatino crecimiento de la potencia de los PCs y estaciones de trabajo para realizar simulaciones por ordenador usando programas especializados denominados **simuladores**. Sus objetivos son encontrar aplicaciones prácticas a las RN y llegar hasta la construcción de chips de verdaderas neuronas artificiales.

Por su parte la corriente biológica busca descubrir el funcionamiento del cerebro humano y usa las simulaciones como un medio no como un fin. Por ello tratan de construir modelos lo más parecidos posibles a las neuronas reales. Su mayor problema es que aun hoy no está muy clara la dinámica exacta de una simple neurona.

Ambas corrientes conviven no siempre en paz y armonía. Así la ramificación biológica acusa a la matemática de estar incurriendo en un error, al usar modelos y algoritmos de aprendizaje que no se corresponden con los biológicos. Y ésta responde en no estar demasiado interesada en reproducir el cerebro humano, sino que buscan soluciones concretas a corto plazo. ¡De nuevo surge la metáfora sobre la proximidad entre el cerebro y la máquina!. ¿Quién tiene la razón?. No hay nada decidido aun, salvo que existe una RN que funciona perfectamente en todos los casos y es nuestro cerebro.

5.7 Aplicaciones:

Por otro lado decir que las RN están empezando su penetración en la industria. A ello ha favorecido la aparición de chips (a los que podríamos calificar de neuronales) desarrollados por empresas tan importantes como la NESTOR, SIEMENS o INTEL.

También cabe destacar la existencia de proyectos como ANNIE, desarrollado en el Reino Unido con el fin de encontrar aplicaciones concretas.

A la cabeza del mundo, en lo que a esta tecnología se refiere, se encuentran E.E.U.U. y Japón (donde destaca un ambicioso proyecto que pretende tener listo para principios del siglo que viene, el primer cerebro artificial).

En Europa es Inglaterra la que más destaca. Desgraciadamente España nunca ha invertido mucho en investigación y desarrollo (I+D) y el tema de las RN no es una excepción. Tan sólo pueden verse algunos trabajos tímidos, desperdigados y faltos de coordinación en las Universidades.

En cuanto a desarrollos concretos, hay demasiados para citarlos todos. Un par de ejemplos:

- **El proyecto ALVINN**: Es una RN capaz ha conducir un camión Chevy, tanto por una calle como por terreno sin asfaltar. A aprendido observando como lo hace un ser humano en diferentes situaciones. Consigue alcanzar velocidades en torno a los 30 Km/h (Ref. 1990). No es mucho, pero ninguna otra tecnología ha podido superar a ALVINN.
- **El proyecto SEXNET**: Capaz a observar un rostro y determinar a que sexo pertenece (curiosamente logra superar ligeramente a un ser humano). Este proyecto puede ampliarse para el reconocimiento de enfermedades congénitas en bebés que sólo pueden diagnosticarse por ligeros rasgos físicos, como el síndrome de Williams.
- **El proyecto MORSEL**: Es una RN consagrada al reconocimiento de objetos múltiples y al control de la atención. MORSEL es capaz de leer palabras a través de una retina.

Existe toda una multitud de proyectos relacionados con la visión, la comprensión de gramáticas, reconocimiento de patrones, etc.

También están los proyectos de un carácter más biológico que tratan principalmente de reproducir tareas de animales e insectos.

Un ejemplo habitual suele ser el oído de la lechuza, capaz de localizar (sin la ayuda de la vista) la posición de un ratón en el espacio tridimensional, solo por el ruido que hace (debemos recordar que las lechuzas cazan de noche).

Cabe destacar la existencia de un proyecto norteamericano para remediar la ceguera. Su principal interés está en sus intenciones (quizás prematuramente ambiciosas) de unir las RN a la medicina, y la posibilidad de realizar implantes artificiales en el cerebro humano.

Lejos de las buenas intenciones de los médicos se encuentra la industria, muy exigente, que reclama productividad y competitividad. A este respecto la RN también tienen mucho que decir. Ya existen prometedoras aplicaciones, como reguladores en sistemas de control, rectificadores de onda, y diversas aplicaciones destinadas a la robótica.

5.8 El futuro: las relaciones entre la IA simbólica y las RN.

Como acabamos de ver el futuro de las RN promete ser interesante, pero todas las rosas tienen sus espinas, y este campo no son una excepción.

Para empezar no podemos pensar que vayan a reemplazar a los ordenadores tradicionales o a la IA basada en la lógica simbólica, si no que mas bien se adivina un futuro de convivencia. Así, es de suponer que los sistemas expertos sigan desarrollándose, al igual que otras aplicaciones de la IA tradicional que no entren en conflicto con las RN.

Si lo pensamos bien veremos que no deberían existir problemas de convivencia, a pesar de tener objetivos comunes, ya que las soluciones que ofrecen ambas corrientes se encuentran a niveles muy distintos. En realidad son complementarias: allí donde la IA tiene más dificultades están las RN y viceversa.

El gran escollo está como siempre en dónde se invierte el dinero para investigación. A este respecto las RN han ganado la batalla que perdieron en los sesenta. De momento ...

6 El modelo multiplayer feedforward (mfn)

En este capítulo vamos a estudiar un modelo de redes neuronales denominado de forma abreviada MFN. Este nombre se corresponde a la denominación inglesa de Multilayer Feedforward Network (en castellano Red Feedforward Multicapa). El principal objetivo de este capítulo es realizar una descripción teórica del modelo, dejando para temas posteriores los aspectos relacionados con su uso práctico y sus aplicaciones.

6.1 Generalidades.

Las redes MFN constituyen uno de los modelos de red neuronal más conocidos y estudiados, además de tener gran potencia y muchas aplicaciones. De ahí que sea uno de los más usados en la práctica y también en la educación. Es por ello que se ha elegido como tema central de este proyecto tanto a nivel teórico como práctico. En otros capítulos se estudiarán otros modelos pero no con tanta profundidad.

6.1.1 La arquitectura de un MFN :

Un MFN está compuesto por una capa de entrada, otra de salida y múltiples capas ocultas. En la práctica nunca serán necesarias más de dos capas ocultas. Existen tres configuraciones posibles, basándonos en la idea de que las capas de entrada y salida son siempre necesarias, mientras que las ocultas pueden o no estar presentes.

La primera de estas tres configuraciones es una red con sólo una capa de entrada y otra de salida. La segunda configuración sería como la anterior, pero con una capa de oculta y la tercera tendría, además de las anteriores capas, una segunda capa oculta. Más adelante veremos que otros modelos no son tan flexibles.

Cada una de estas capas contendrá un número de neuronas que vendrá determinado por las necesidades del problema. Su comportamiento es similar al que ya hemos visto en el capítulo de introducción a las redes neuronales. Es decir reciben múltiples entradas provenientes de las neuronas de la capa anterior, ponderan esas entradas con los pesos, suman el resultado y finalmente aplican una función de transferencia para generar la salida.

Las neuronas de la capa de entrada se caracterizan por no comportarse como las demás. Es lógico, pues para ellas no existe ninguna capa anterior de donde obtener sus entradas. Además no aplican funciones de transferencia a la salida. Esto ha llevado a algunos autores a considerar que las neuronas o PEs de entrada, como buffers en los que simplemente se almacena la información que llega a la red. También se les ha llamado retina, haciendo un símil con los sistemas de visión biológicos.

Los pesos unen a cada neurona de una capa con todas las de la capa anterior (conexión todos con todos). Sin embargo no se permite que un PE de una capa esté conectado con un PE de otra capa que no sea la siguiente. Por ejemplo, un PE de la capa de entrada sólo puede estar conectado con un PE de la capa de salida si no existe ninguna capa oculta.

Este modelo como su propio nombre indica es de tipo Feedforward, o lo que es lo mismo, la información fluye siempre hacia adelante. Esto implica dos cosas. La primera es que no existen realimentaciones, y la segunda que a la hora de computar la salida lo primero que tenemos que calcular es el valor que toman los PEs de entrada, luego los de las capas ocultas si existen y por último los de salida.

Observar que dentro de cada capa no importa el orden en que se actualicen las salidas de cada neurona, ya que hasta que no se calculen todas las salidas para esa capa no se pasará a la siguiente.

Una pequeña complicación de este modelo es la entrada bias o entrada constante, cuyo valor siempre igual a la unidad. Todas las capas, salvo la de salida reciben esta entrada, y la tratan como si fuera otra cualquiera, disponiendo de sus propios pesos hacia la capa siguiente. Esta entrada puede parecer en principio innecesaria, pues al ser constante no podemos variar su valor.

En realidad para el usuario es innecesaria, y nunca tendrá que preocuparse por ella (de hecho los simuladores normalmente ocultan su existencia), sin embargo el bias es muy importante para la red, pues le proporciona un valor de referencia y un término constante (como en un circuito eléctrico la conexión a tierra).

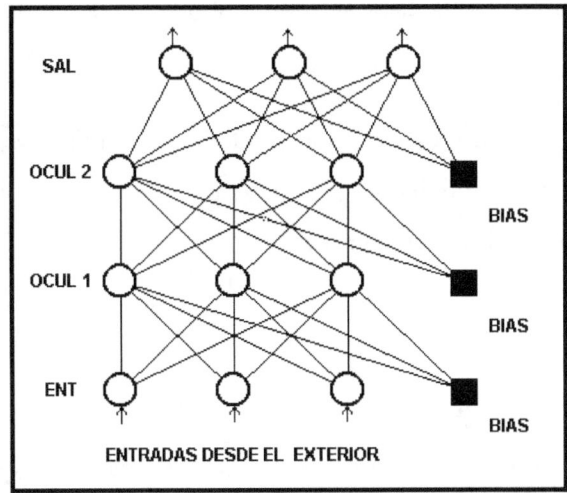

En la esta página podemos ver un gráfico que representa a un MFN típico, con cuatro capas (entrada, salida, oculta 1 y oculta 2). Cada capa tiene 3 neuronas, que se representan mediante círculos, y todas las capas salvo la de salida tienen la entrada bias, que se representa mediante un cuadrado negro. Observe que los tres términos bias del dibujo son en realidad uno solo, pues los tres tienen el mismo valor.

La salida que produce cada neurona, excepto las neuronas de entrada, se expresará como:

$$sal = F(\,SUM(\,i=0..n-1,\,x_i \cdot w_i\,) + w_n\,)$$

donde F es la función de transferencia, n es el número de neuronas en la capa anterior sin contar al bias, x_i es el valor de activación de la i-ésima neurona de la capa anterior y w_i es el peso asociado a esa neurona.

A estas alturas no debería sorprenderle el término w_n, que en realidad es el término del bias, y que se podría expresar como $x_n \cdot w_n$, pero al ser $x_n = 1$, queda como w_n.

6.1.2 Funciones de activación.

Ya hemos visto las diferentes funciones de activación que suelen usarse con las redes neuronales, y sus ventajas e inconvenientes, así que no se repetirán aquí las características de cada una. Sin embargo es conveniente hacer hincapié en algunos conceptos.

Las funciones de activación se limitan a transformar un número real en otro. Cada una lo hace a su manera, y en general lo que nos interesa es realizar transformaciones no lineales y acotadas.

Los rangos de las funciones de activación pueden ser muy diversos. Debemos distinguir entre rango para la entrada y la salida. El rango de entrada suele considerarse (-inf, +inf), donde inf representa al infinito. Sin embargo el rango de salida suele ser mucho más variado, aunque lo normal es que sea (0, 1) ó (-1, 1).

Algunos simuladores, como el que acompaña a este proyecto, se caracterizan por permitir al usuario modificar la función de transferencia a nivel de capa (aunque no a nivel de PE por no ser necesario en la práctica). Al hacer esto debe tenerse muy en cuenta cuál se elige, pues corremos ciertos peligros. Por un lado debemos tener en cuenta los rangos. Supongamos por ejemplo, que estamos entrenando una red para que realice una operación lógica OR.

Le presentamos las entradas como -1 (OFF) ó +1 (ON), y queremos que aprenda a generar la salida +1 o -1 según la entrada. La red tiene capacidad teórica para aprender este problema, pero si elegimos como función de activación para la capa de salida la sigmoidal, nunca se completará el aprendizaje. Pero si elegimos la función tangente hiperbólica éste completa sin anomalías.

Un usuario inexperto creería que la función sigmoidal no debe usarse con los MFN, pero lo que en realidad ocurre es que no es adecuada para ese problema. Se trata de una cuestión de rangos. La tangente hiperbólica produce una salida acotada en (+1,-1), pero la función sigmoidal está acotada en (0,1). De ahí que la red sea incapaz de aprender. Para evitar este error, el simulador que acompaña al proyecto introduce el concepto de variable, que se estudiará en el manual del usuario.

El otro gran peligro está en la elección de las funciones de transferencia de las capas ocultas. En ellas la función debe ser siempre no lineal, mientras que en la capa se salida podría ser lineal sin que la red perdiera potencia. Si por ejemplo le diéramos a una capa oculta la función f(x)= x, la red perdería la capacidad para reconocer algunos patrones. Si eligiéramos esa misma función en la capa de salida, la pérdida de capacidades no sería tan acusada o incluso podría no existir.

El tercer y último problema con las funciones de transferencia es la velocidad de los algoritmos de aprendizaje. Un MFN usa los algoritmos backpropagación y gradientes conjugados para ajustar sus pesos.

En ambos influyen las funciones elegidas. Pero no en que la red resultante tenga mayores o menores capacidades, sino en que la convergencia a la solución sea más o menos rápida. Para acelerar ésta lo más recomendable es elegir funciones con derivada continua en todos los puntos de su dominio.

De todas las que hemos visto la sigmoidal y la tangente hiperbólica son las que mejores resultados nos van a dar en este modelo, siendo desaconsejable elegir cualquier otra aunque en el simulador esté disponible.

Kenue en un trabajo publicado en 1991, advirtió que si la derivada de la función de activación era pequeña, la backpropagación podría verse ralentizada. Por su parte Kalman y Kwasny (1992) llegaron a la conclusión de que la mejor función de activación para el MFN es la tangente hiperbólica.

6.1.3 Salidas lineales

Generalmente y salvo que explícitamente se indique lo contrario, consideraremos que todas las capas tienen una función de activación idéntica y no lineal (preferiblemente tanh). Sin embargo debe recalcarse que no es realmente necesario, y a ello se dedica esta sección.

Existen algunas aplicaciones en las que elegir para la capa de salida, una función de transferencia como $f(x)= x$, es preferible a por ejemplo $f(x)= \tanh(x)$. Pero sólo en la capa de salida, el resto de las capas deben seguir siempre las reglas expuestas en la sección anterior.

Se pueden obtener algunas ventajas al usar funciones lineales. Por ejemplo, supongamos un filtro autoasociativo (más adelante se discutirán estos filtros a fondo), que debe filtrar una entrada produciendo una salida sin ruidos. Este filtro puede perder eficiencia si se elige una función de activación como la sigmoidal, que presenta una compresión de la información en sus extremos.

Observe su representación gráfica y notará que es asintótica a +1 en +inf y a -1 en -inf y aunque la función es creciente no crece siempre al mismo ritmo, disminuyendo éste al acercarnos a las asíntotas. Esto es lo que llamaremos compresión de la entradas en la salida. En definitiva, la red podría funcionar mejor con una función lineal sin ningún tipo de pérdida de información.

El mismo problema que en los filtros autoasociativos, puede surgir en otras aplicaciones como las series temporales.

Otra de las grandes ventajas que tiene el uso de funciones lineales en la salida, es que la regresión (una técnica que veremos en capítulos posteriores) produce pesos óptimos para la capa de salida. La regresión es una técnica usada habitualmente para inicializar los pesos de la red justo antes del aprendizaje. El hecho de que para la capa de salida ya estén óptimamente ajustados, resultará un gran avance, pues sólo será necesario modificar los pesos de las capas ocultas.

Sin embargo no todo son ventajas, como ya se ha dicho en capítulos anteriores, las funciones lineales son sensibles a los outliers (valores de pico). Este es el precio que pagamos por evitar la compresión.

En la práctica la forma más inteligente de trabajar es crear y entrenar la red usando a la salida funciones no lineales, y solo si se observan buenas razones para ello se cambiarán por funciones lineales.

6.2 Aproximación de funciones.

Cuando se crea un nuevo modelo de red neuronal que empíricamente se muestra potente, acto seguido deben estudiarse sus capacidades para determinar que es lo que puede y no puede hacer. Esto no es fácil, pues muchas veces las demostraciones teóricas son largas y complejas. Las redes MFN han sido unas de las más estudiadas. A continuación se muestran algunas de las conclusiones a las que han llegado los diversos investigadores.

Podemos distinguir dos tipos de teoremas. Los que tienen interés práctico y los de interés teórico. Muchos de los trabajos en este área tratan de concretar las capacidades de un determinado modelo de red. Así suelen ser habituales los teoremas que nos aseguran que un modelo es capaz a resolver un problema concreto, con una configuración determinada. La mayor parte de estos resultados tienen un interés más teórico que práctico. Por ejemplo, supongamos un teorema que demuestre la posibilidad de resolver un problema X con una red Y de una sola neurona oculta. Sin embargo en la práctica podría ocurrir que el tiempo de entrenamiento fuese excesivamente largo o que se necesitaran muchos ejemplos. Los teoremas no suelen decir nada de estos problemas, así que a los diseñadores los teoremas teóricos no les interesan demasiado, a no ser de forma orientativa.

Los teoremas de utilidad práctica son poco frecuentes, pero ya han aparecido los primeros. A continuación se exponen algunos de ellos. Los más curiosos echarán en falta que no se incluyen las demostraciones de los teoremas. Esto se debe a dos razones. La primera es el poco interés que tienen estas demostraciones para los diseñadores. Nótese que el objetivo de este proyecto no es profundizar teóricamente hasta ese punto. Además los desarrollos suelen ser largos y complejos, empleando unas matemáticas avanzadas, que muchas veces sobrepasan el nivel de un ingeniero técnico.

Por otro lado resulta muy difícil acceder desde España a publicaciones lo suficientemente especializadas como para que incluyan tales demostraciones. Por último se imponen las razones de espacio que llevan a limitar el ámbito de este estudio dentro del amplio mundo de las redes neuronales.

Los resultados que se discuten a continuación tratan sobre la capacidad de los MFN de aprender determinadas funciones. Antes de empezar dese cuenta de que una red neuronal puede ser vista como una función, ya que se limita a transformar unas variables de entrada (variables reales cada una asignada a un PE de la capa de entrada) en unos valores de salida (valores reales cada uno asignado a un PE de salida). Siguiendo la notación matemática un MFN (y las redes neuronales en general) pueden expresarse como:

$$R^n \longrightarrow R^m$$

Pero cuidado, una función sólo tiene una variable de salida, así que podemos considerar a cada PE de salida, como la variable dependiente de una función distinta y así obtener la expresión:

$$R^n \longrightarrow R$$

que se corresponde con la definición de una función.

Tenga en cuenta que lo que le estamos pidiendo a la red no es sólo si puede o no aprender una función, si no también si puede aprenderla por <u>precisión arbitraria</u>. Este término quiere decir que no importa lo exigentes que seamos con la red al pedirle que disminuya su error, pues siempre será capaz de reducirlo por debajo del umbral que le hayamos impuesto. Sin embargo nunca podremos pedirle que dé con la solución exacta. Es decir nunca es posible alcanzar error cero, pero si valores todo lo cercanos que deseemos a ese cero absoluto.

Una vez introducidos los conceptos necesarios se detallan las conclusiones más interesantes:

1) Si la función consiste en una colección finita de puntos, un MFN de tres capas, es decir con una capa oculta, es capaz de aprenderla.

2) Si la función es continua y definida en todos los puntos en los que deseemos aproximarla, un MFN de tres capaz es capaz de aprenderla en un intervalo finito.

3) Muchas funciones que no cumplen los dos criterios anteriores pueden ser aprendidas de todas formas por un MFN de tres capas. En particular, las discontinuidades pueden ser toleradas, al menos teóricamente.

4) Todas las funciones que no pueda aprender un MFN de tres capas pueden ser aprendidas por uno de cuatro (dos capas ocultas).

Para empezar dese cuenta que los dos primeros casos cubren la mayor parte de los problemas prácticos. Esto significa que, al menos teóricamente, estamos seguros usando redes con solo una capa oculta. Por otro lado debe comprender que nunca serán necesarias más de dos capas ocultas, pues son suficientes para aprender prácticamente cualquier función. De ahí que el MFN con dos capas ocultas se haya sido denominado **aproximador universal**.

En la práctica la necesidad de una segunda capa oculta surge sólo cuando queremos aprender una función mayoritariamente continua, pero que sufre algunas discontinuidades. Puede que en algunos casos tenga bastante con una sola capa oculta, pero éstos son los menos frecuentes.

Una de las principales razones por las que una función no puede ser aprendida es que elijamos un intervalo de entrada no acotado, es decir infinito. Podemos usar un intervalo tan grande como queramos, pero nunca infinito. De todas formas en casos muy particulares puede merecer la pena usar funciones de activación trigonométricas. Entonces la red se comportará de una forma muy similar a los aproximadores de Fourrier, con lo cual se reduce este problema.

La conclusión que debe obtenerse de esta sección puede resumirse en :

*Una red **MFN** puede aprender en teoría cualquier función. Si aparecen problemas en la práctica, éstos no son por las limitaciones del modelo, sino que son debidos a un entrenamiento insuficiente o defectuoso, a un número de capas ocultas no adecuado o a un intento de aprender una función no determinística.*

Hasta ahora no se ha dicho nada acera del número de neuronas que pueden ser necesarias para realizar una aproximación. No existen resultado teóricos al respecto, pero la experiencia señala que suelen ser pocas y los tiempos de aprendizaje son siempre aceptables.

6.3 Notas bibliográficas.

Para aquellos que deseen saber más sobre los diversos teoremas que tratan las redes MFN pueden consultar la bibliografía expuesta a continuación. Aunque dado que se trata de textos muy especializados, le aseguro que tendrá problemas en conseguirlos. Cada trabajo se acompaña de su principal conclusión o una descripción general:

Blum, Edward y Li, Leong (1991) **"Aproximation Theory and Feedforward Networks"**: *Incluye la demostración de una función que no puede ser aprendida por un MFN. Además de realizar una introducción muy interesante al tema de la aproximación de funciones.*

Blum, A.L. , y Rivest, R. L. (1992) **"Training a Three-Node Neural Network is NP-Complete"**: *Demuestra que el entrenamiento de incluso pequeñas redes feedforward puede ser preocupantemente complejo. Pudiendo llegar a ser de tipo* NP-*completo.*

Cardaliaguet, Pierre y Euvrard, Guillaume (1992) **"Aproximation of a Function and its Derivative with a Neural Network"**: *Incluye fórmulas excepecíficas para pesos en redes de tres capas de tipo* $R \longrightarrow R$ *y redes de cuatro capas de tipo* $R^2 \longrightarrow R$, *en las que tanto una función como su derivada son aproximadas. También prueba la existencia de tales resultados para dimensiones mayores, pero no incluye dichas fórmulas, si no que recurre a la backpropagación para hallar sus pesos.*

Gallant, Ronald y White, Halbert (1992) **"On Learning the derivatives of an Unknown Mapping with Multilayer Feedforward Networks"**: *Bajo ciertas condiciones el aprendizaje por mínimos cuadrados, automáticamente genera una asignación en la red, que también aproxima la derivada de la asignación que tomamos por objetivo.*

Hornik, Kurt, Stinchcombe, Maxwell y White, Halbert (1989). **"Multilayer Feedforward Networks are Universal Aproximators"**: *Este es un documento resultante de un seminario. Emplea el teorema de Stone-Weierstrass para probar que una red MFN de tres capas, es capaz de aproximar cualquier función de Borel, con cualquier grado de exactitud.*

Kurkova, Vera (1992) **"Kolmorogov's theorem and Multilayer Neural Networks"**: *Prometedor trabajo que muestra algunos resultados en la búsqueda de algoritmos de aprendizaje más rápidos. También incluye algunas conclusiones sobre las capacidades aproximativas del MFN de cuatro capas.*

Sussman, Hector J. (1992) **"Uniqueness of the Weigths for Minimal Feedforward Nets with a Given Input-Output Map"**: *Este texto incluye la demostración matemática de que, a excepción de algunas simetrías y algunos casos degradados, una red MFN con funciones de activación tangente hiperbólica está únicamente determinada por su mapeado o asignación.*

6.4 Limitaciones.

Todas las redes neuronales sufren de muchos problemas. No todo son ventajas, también existen inconvenientes que obstaculizan el desarrollo de este campo. La mayor parte de estos problemas no parecen estar en las capacidades internas de las redes, si no más bien en nuestra capacidad para descubrir métodos eficientes que nos ayuden a comprenderlas. Existen muchas trabas a nivel matemático. Para hacerse una idea de la complejidad que puede alcanzarse usted puede plantearse resolver el siguiente ejercicio:

Tenemos una red neuronal MFN *a la que, para simplificar al máximo los cálculos, consideraremos de dos capas, teniendo n neuronas a la entrada y m a la salida. Tenemos también un conjunto de entrenamiento, con los ejemplos que la red tiene que aprender. Cada ejemplo se presenta como una entrada a la que le corresponde una salida. Nuestro objetivo es hallar los pesos que produzcan un error 0.*

Esta es la forma en la que hemos abordado el problema hasta ahora, pero demos un salto conceptual e intentemos ver el entrenamiento de la red como la resolución de un sistema de ecuaciones. En este sistema las incógnitas serían los pesos, y cada ejemplo del conjunto nos permite plantear al menos una ecuación en el sistema (por cada ejemplo se plantean tantas ecuaciones como PEs de salida haya). Suponiendo que tenemos un número suficiente de ejemplos, podemos plantear un sistema con tantas ecuaciones como incógnitas o pesos tengamos (tal y como suele hacerse en álgebra cuando intentamos resolver un sistema tradicional). Se plantean por tanto las ecuaciones:

- <u>Para el ejemplo 1</u>:

$$F(e_{11} \cdot w_{11} + e_{12} \cdot w_{12} + ... + e_{1n} \cdot w_{1n}) = s_{11}$$

$$F(e_{11} \cdot w_{21} + e_{12} \cdot w_{22} + ... + e_{1n} \cdot w_{2n}) = s_{12}$$

. . .

$$F(e_{11} \cdot w_{m1} + e_{12} \cdot w_{m2} + ... + e_{1n} \cdot w_{mn}) = s_{1m}$$

- <u>Para el ejemplo k</u>:

$$F(e_{k1} \cdot w_{11} + e_{k2} \cdot w_{12} + ... + e_{kn} \cdot w_{1n}) = s_{k1}$$

$$F(e_{k1} \cdot w_{21} + e_{k2} \cdot w_{22} + ... + e_{kn} \cdot w_{2n}) = s_{k2}$$

El modelo multiplayer feedforward (mfn) | 113

. . .

$$F(e_{k1} \cdot w_{m1} + e_{k2} \cdot w_{m2} + \ldots + e_{kn} \cdot w_{mn}) = s_{km}$$

w_{ij} representa al peso que va desde la j-ésima neurona de entrada hasta la i-ésima neurona de salida. Como puede observarse el sistema es enorme si el conjunto de entrenamiento es grande. Observe ahora un detalle. Si F, la función de transferencia es la identidad, $f(x) = x$, el sistema se simplifica muchísimo, hasta tal punto que puede resolverse usando los método tradicionales del álgebra para resolución de sistemas lineales. Estos métodos nos dan una solución exacta (si el sistema cumple las condiciones oportunas) y si no puede hallarse, podemos determinar si realmente dicha solución existe y si es única. Es por ello que el algoritmo de regresión antes mencionado es capaz a encontrar los pesos exactos, con funciones de activación lineales en la capa de salida. Sin embargo si F es la función sigmoidal o tanh, resolver el sistema se hace muy difícil, pues es no lineal. Esta dificultad es aun mayor cuando se añade una capa oculta, con por ejemplo p neuronas. Observe cómo quedaría la ecuación, para un ejemplo k:

$$a1 := F(e_{k1} \cdot v_{11} + e_{k2} \cdot v_{12} + \ldots + e_{kn} \cdot v_{1n})$$

$$a2 := F(e_{k1} \cdot v_{21} + e_{k2} \cdot v_{22} + \ldots + e_{kn} \cdot v_{2n})$$

. . .

$$ap := F(e_{k1} \cdot v_{p1} + e_{k2} \cdot v_{p2} + \ldots + e_{kn} \cdot v_{pn})$$

$$F(a_1 \cdot w_{11} + a_2 \cdot w_{12} + \ldots + a_n \cdot w_{1n}) = s_{k1}$$

$$F(a_1 \cdot w_{21} + a_2 \cdot w_{22} + \ldots + a_n \cdot w_{2n}) = s_{k2}$$

. . .

$$F(a_1 \cdot w_{m1} + a_2 \cdot w_{m2} + \ldots + a_n \cdot w_{mn}) = s_{km}$$

Para simplificar un poco la representación, primero se calculan los valores de activación de las neuronas de la capa oculta, en los que v_{ij} representa al peso que va desde la j-ésima neurona de entrada hasta la i-ésima neurona oculta. Si es usted diestro en las matemáticas y tiene voluntad, puede buscar algún camino de resolución. Pero haga lo que haga se va a encontrar con un escollo difícil de franquear: tenemos funciones dentro de funciones, es decir $F_2(F_1())$ y lo que es aun peor las incógnitas a despejar están tanto dentro como fuera de F_1 y F_2.

Las herramientas con que cuentan las matemáticas actualmente son incapaces de resolver este sistema de una manera exacta (además ni siquiera tenemos garantías de que ésta exista o sea única). La solución al problema podría estar en el análisis numérico, que nos permitiría aproximar una solución. Los algoritmos de entrenamiento como la **backpropagación** o los **gradientes conjugados** hacen precisamente esto. Así que **podríamos considerarlos como métodos numéricos que intentan resolver un sistema de ecuaciones no lineales**.

Podemos llevar un poco más allá esta visión de las redes neuronales, para entender mejor su capacidad de aprender diversos problemas, sin un conocimiento previo de sus características. Supongamos en primer lugar una aproximación tradicional. Es decir se genera un modelo matemático que describa al sistema. Para ello lo primero que se hace es identificar las variables y constantes de dicho sistema, y así encontrar la ecuación o sistema de ecuaciones que lo rigen. Mediante el estudio de dichas ecuaciones comprenderemos su dinámica y podremos predecir su comportamiento.

Las redes neuronales hacen algo parecido. Ellas son el sistema de ecuaciones, sus pesos representan a las constantes, las neuronas de entrada y salida representan las variables de entrada y salida al sistema respectivamente, y los PEs ocultos codifican a las variables internas, es decir todas las variables del sistema que ni son de entrada ni son de salida. En otras palabras todas las variables y las constantes están codificadas en la red, después del aprendizaje. El resultado es que simula el comportamiento del sistema, pero con un margen de error.

Tanto el primer método como el uso de una red neuronal nos permiten reproducir eficientemente el comportamiento de un sistema. Sin embargo, la red tiene el inconveniente de que resuelve el problema internamente, con una codificación difícilmente interpretable. Es decir, hemos resuelto el problema pero no sabemos cómo. El primer método tiene la ventaja de que al obligarnos a hallar unas ecuaciones, nos fuerza a entender la dinámica que rige el sistema. Pero no siempre se puede modelizar un problema, pues a veces son muy complicados, tienen demasiadas variables o simplemente desconocemos parte o toda su lógica. En estos casos el uso de redes neuronales, puede ser una solución.

Antes se ha mencionado el hecho de que las redes neuronales modelizan sistemas sin que nosotros podamos interpretar la solución. En realidad si que es posible, pero llevaría tanto tiempo que podría no ser rentable. A este respecto han surgido muchas voces críticas, que tratan de desprestigiar a este campo.

Estos críticos olvidan que las matemáticas actuales no ofrecen soluciones, a parte de las redes neuronales, para los sistemas de ecuaciones no lineales complejos. Es precisamente aquí donde reside su importancia y razón de ser. En el momento en que se desarrollen otros métodos más eficientes, capaces de dar soluciones exactas, las redes dejarán de ser útiles. Pero hasta entonces serán una alternativa que no debe ser ignorada.

Sin embargo no se deben pasar por alto puntos tan importantes como que las redes ales carecen de metodologías de diseño. Por ejemplo, para un problema dado podemos necesitar 10 neuronas ocultas y para otro 20. Todo depende de las características del sistema a modelizar.

La cuestión es que no existe ningún método que dado un problema cualquiera nos indique cuántas capas y cuántas neuronas en cada una, serán necesarias para alcanzar una solución óptima. Aunque se han realizado algunos esfuerzos no se ha encontrado ninguna solución a este inconveniente.

Volvamos a la visión de una red neuronal como un conjunto de ecuaciones no lineales. Ya ha sido dicho que las neuronas ocultas codifican las variables internas del sistema, las cuales son en principio desconocidas. Además no se conoce muy bien como las redes realizan esta codificación. Por tanto podemos concluir que no hay forma de saber exactamente cuántas neuronas ocultas podemos necesitar y en cuantas capas.

Los críticos ven en esta debilidad una razón de peso para rechazar a las redes neuronales, pero si lo pensamos bien nos daremos cuenta de que no es más que una consecuencia de una de sus ventajas: el no necesitar comprender a fondo la dinámica del sistema.

Conclusión: ¿es un inconveniente o una ventaja? las dos cosas a la vez. No obstante es de esperar que con el tiempo los actuales esfuerzos en investigación obtengan sus frutos y se encuentre algún método que nos ayude a solucionar el problema.

En la práctica este inconveniente se resuelve con métodos de ensayo y error. Es decir se entrena la red con un número de neuronas determinado, y mientras que no se alcancen los niveles de error deseados, se van añadiendo más neuronas. El algoritmo para realizar esta operación ya fue visto en capítulos anteriores y convendría que lo repasara ahora.

En definitiva, aún quedan muchos teoremas por demostrar y muchos problemas por resolver. La esperanza está en que se están realizando muchos trabajos a lo largo de todo el mundo.

6.5 Implementación. Objetivos de diseño.

A la hora de diseñar un simulador hay una serie de aspectos a los que debemos prestar atención y una serie de objetivos que cumplir.

En la medida en la que se sigan las recomendaciones que haremos a continuación obtendremos un mejor o peor simulador.

6.5.1 La función de activación.

Una de las operaciones más importantes y repetidas en la simulación de una red neuronal es el cálculo de la función de activación. De aquí se desprende la necesidad de hacerla lo más rápidamente posible. Calcular funciones como la tanh o la sigmoidal puede consumir demasiado tiempo si llamamos a las funciones de las librerías matemáticas que acompañan a cualquier lenguaje de programación.

Una solución a este respecto podría ser la creación de una tabla, en la que se guarden los valores que toma la función de activación en el intervalo de trabajo. Estos valores se calculan antes de ejecutar la red por primera vez. Con esta estructura se obtiene la ventaja de reducir los tiempos de cálculo al mínimo, pues lo único que se realiza es un acceso a memoria, en donde ya están los valores deseados.

Surge un problema. Para almacenar la tabla de la función de activación es necesaria una memoria que puede hacer falta para la red. Esto problema se hace aun más patente cuando usemos funciones de transferencia distintas en cada capa. Una posible solución está en usar una tabla pequeña. Pero esto repercute en la calidad de la función, que será peor cuanto menor sea la tabla. Sin embargo la forma exacta de dicha función no afecta a la convergencia de la red, aunque si a la rapidez del proceso de aprendizaje.

6.5.2 El cálculo de la salida.

Antes de realizar el cálculo de la función de transferencia es necesario realizar el producto de los pesos por las salidas de los PEs de la capa anterior. Esta operación también se realiza miles de veces durante el aprendizaje, así que debemos de intentar acelerarla lo más posible. A nivel hardware no resulta descabellado exigir un coprocesador. A nivel software no sería mala idea implementar el trozo de código que realiza este producto, directamente en ensamblador. Sin embargo el lenguaje ensamblador resulta demasiado oscuro para la mayor parte de los programadores, así que lo normal es implementarlo en C, que produce un código aceptable.

Si aun queremos más eficiencia podemos recurrir a un truco muy ingenioso. Los PCs actuales y muchas otras arquitecturas emplean los **pipelines** para acelerar la ejecución de las instrucciones. Un pipeline consiste en una cola en la que se van ejecutando los comandos del programa por fases.

Así una instrucción puede descomponerse en n fases. Tal que la fase n requiere que las n-1 anteriores se hayan ejecutado ya. La idea fundamental de los pipelines es lograr que cada fase se ejecute en una unidad diferente (la CPU estará dividida en subunidades independientes), con lo que se consigue que fases distintas de distintas instrucciones puedan ejecutarse a la vez. El problema está en que algunas sentencias rompen la cola del pipeline. Entre ellas los saltos (JMP, JR, etc).

Los bucles de la programación estructurada al traducirse en ensamblador generan saltos.

Supongamos por ejemplo que implementamos el bucle en el que calculamos el producto de los pesos por las entradas, de la siguiente forma:

>sum= 0;
>
>**Para** i= 1 <u>hasta</u> n entradas Hacer
>
>>sum= sum + Multiplicar peso i por entrada i;
>
><u>Fin-Para</u>;

Desde el punto de vista lógico todo está bien, pero no aprovecha las capacidades del Hardware. Cada instrucción de multiplicación que se ejecuta entra en el pipeline, pero justo a continuación se cierra el bucle y aparece un salto, rompiéndose la secuencia en dicho pipeline. Por tanto lo más lógico es ejecutar un bucle en el que cada iteración ejecute más de una multiplicación (cinco sería un buen número):

```
sum= 0;

Para i= 1 hasta n entradas Hacer

    sum= sum + Multiplicar peso i por entrada i;

    sum= sum + Multiplicar peso i por entrada i;

    sum= sum + Multiplicar peso i por entrada i;

    sum= sum + Multiplicar peso i por entrada i;

    sum= sum + Multiplicar peso i por entrada i;

    i= i+5;

Fin-Para;
```

Por supuesto estamos suponiendo que n sea múltiplo de 5, lo cual raras veces será cierto. En la práctica el algoritmo es más complejo, pues debe tener en cuenta todos los casos. Para más información remítase al código fuente.

6.5.3 Generación de números aleatorios.

La generación de números aleatorios es un tema muy importante dentro de las redes neuronales. La aleatoriedad es necesaria para inicializar los pesos (inicializaciones absolutas, relativas, algoritmos genéticos), para escapar de mínimos locales (algoritmo de annealing), en la generación de secuencias de entrenamiento, etc.

Los que estén familiarizados con la programación saben que todos los lenguajes tienen alguna función que genera números aleatorios. Para la mayor parte de las aplicaciones está bien, pero no para las redes neuronales. La mayor parte de los compiladores implementan la generación de números aleatorios empleando la siguiente ecuación:

$$p_n = (a \cdot p_{n-1} + c) \cdot \mathrm{mod}\ m$$

Pueden observarse tres constantes a, c, m y un parámetro entero p, que se calcula a partir del valor en la iteración anterior. Si p_0 es menor que m, se obtiene una serie de números enteros aleatorios, aunque siempre iguales para el mismo p inicial.

El mayor problema del generador de números aleatorios del compilador, es que está escrito para 16 bits y sólo trabaja con números enteros. El hecho de trabajar con 16 bits (en realidad 15, pues el bit 16 se emplea para el signo y no se usa), significa que sólo podemos generar 32.768 números diferentes, muy pocos para una aplicación matemática. Además la ecuación anterior es periódica, es decir no es tan aleatoria como debiera.

Las redes neuronales necesitan generadores de 32 bits que permiten direccionar 2.147.483.647 números diferentes. Un ejemplo donde queda clara la necesidad de los 32 bits es la generación de secuencias de entrenamiento. Supongamos una red, que dada su complejidad necesita un gran número de ejemplos durante el aprendizaje, y es condición indispensable que se presenten de forma aleatoria. Con un generador de 16 bits sólo podríamos acceder a los 32.768 primeros elementos del conjunto, mientras que los 32 bits permiten direccionar elementos más lejos de lo que nunca será necesario en la práctica.

Existen otras ventajas en implementar un generador de números aleatorios propio, como la obtención de números reales de alta precisión, o la eliminación de las periodicidades. Por el contrario está el inconveniente de tener que emplear un algoritmo más complejo. Para más información remítase a la clase TAlea en el código fuente de la DLL. Por razones de espacio y de interés temático no profundizaremos más en esta sección.

6.5.4 La memoria.

Una red neuronal se almacena en la memoria física del ordenador, como cualquier otra estructura de datos. El problema de las redes es que fácilmente tendrán un tamaño que sobrepase el Megabyte. Además esta información necesariamente se duplica, y a veces se triplica, durante el algoritmo de aprendizaje. En otras palabras necesitamos mucha memoria, tanta que se hace imprescindible realizar un tratamiento cuidadoso.

No podemos olvidar que los ordenadores no poseen una memoria física ilimitada, y muchas veces muy inferior a lo que necesitamos. Si sumamos lo que ocupa una red neuronal por si sola, sus estructuras auxiliares, más el simulador, más el sistema operativo, lo más probable es que necesitemos más de 4Mb aunque la red sea pequeña. Tenemos pues un problema muy grave, solo podemos simular aquellas redes que entren en memoria. Existe una solución para aliviar este inconveniente: la **memoria virtual**. Este tipo de memoria es especial porque se encuentra en el disco duro y el acceso a ella es más lento, pero nos permite sobrepasar la barrera de la memoria física. Para un simulador este concepto es indispensable.

La implementación de la memoria virtual es muy difícil y de bajo nivel. Debería ser una tarea del sistema operativo y no del simulador. Es por ello que se ha elegido el sistema operativo

Windows 3.1 como plataforma para este proyecto. Otro sistema usado generalmente es el Unix.

Además Windows junto con C++ permite realizar un tratamiento de las excepciones de memoria. Supongamos por ejemplo que en un momento dado el sistema agota tanto su memoria tanto real como virtual (algo que trabajando con redes neuronales ocurre con cierta frecuencia) o que intentemos crear una red demasiado grande, lo ideal sería que el simulador nos avisara, y si el error está dentro de un proceso de entrenamiento, que se suspendieran todos los trabajos, pero sin que la aplicación finalice bruscamente y sin llevar al sistema a un estado de inestabilidad.

Si tratamos las excepciones conseguiremos una aplicación robusta (aunque un poco más lenta), que no dará sorpresas desagradables después de horas de entrenamiento.

El tratamiento sistemático de todas las posibles excepciones, no solo las de memoria, para conseguir una aplicación lo más segura posible, ha sido uno de los principales objetivos de este proyecto.

El principal inconveniente de la robustez es un código más difícil de leer y programar, más largo y por consiguiente ligeramente más lento. Sin embargo la seguridad es un factor fundamental e ineludible en un simulador.

A pesar de todas sus ventajas Windows presenta una pequeña trampa, que puede llevar al sistema a estados de inestabilidad si no se contempla. La versión 3.1 de Windows tiene ciertas limitaciones en su gestión de la memoria. Las dos más importantes son que no se pueden reservar bloques mayores de 16Mb-64Ks (tenga en cuenta que aunque 16Mb puede parecer una cifra muy grande, cada peso ocupa 8 bytes y por tanto sólo tendremos 2 millones de pesos) y que el número de bloques de memoria que pueden reservarse no puede superar los 8192. En un principio estas cifras pueden parecer abundantes, y de hecho suelen ser suficientes, pero un uso intensivo de la memoria las dejará pequeñas.

Contra la primera limitación no podemos hacer nada, salvo dividir los pesos en matrices diferentes según su capa. La segunda limitación es más problemática y requiere hacer unas cuentas. Supongamos una red neuronal de sólo dos capas 10.000 neuronas de entrada (codifican de una imagen de 100x100 puntos) y otras tantas neuronas de salida (red autoasociativa).

No tenemos otro remedio que almacenar los pesos en una matriz dinámica de dos dimensiones. Pero ¿cómo?. La solución tradicional suele ser usar una matriz de punteros a arrays. Esa matriz almacena 10.000 punteros a arrays de 10.000 elementos. Si hacemos esto Windows explotará y probablemente tengamos que reinstalarlo. El porqué está en que hemos reservado 10.001 bloques de memoria, más de lo Windows puede soportar. Por tanto debemos buscar una forma de almacenamiento alternativa.

Lo mejor es meter todos los pesos en un array plano, al que accederemos como si tuviera 2 dimensiones. Es decir las filas de la matriz de dos dimensiones se almacenan una detrás de la otra, en posiciones consecutivas.

Como contrapartida se empeora la situación con respecto a la limitación de los 16Mb. Además el código se hace más difícil de entender, ya que si con la primera solución bastaba con hacer matriz(i)(j), ahora tendremos que acceder con (matriz + i*columnas + j).

6.5.5 Orientación a objetos.

Un simulador especializado en un único modelo de red neuronal no tiene por qué estar orientado a objetos, pero si pretende simular más de un modelo la programación se complica. El problema está en que algunos modelos tienen procesos comunes y otros no, pero difieren en muy poco de algún otro, y otros son completamente diferentes. La programación orientada a objeto tiene entre sus características la reusabilidad del código. En este sentido puede sernos muy útil, pero requiere de nosotros que busquemos las diferencias y coincidencias entre los diferentes modelos. En otras palabras se hace necesaria una buena planificación.

En el simulador de este proyecto, la DLL es en realidad una jerarquía de clases. Puede verse como un árbol, en el que la raíz es la clase **TRed**, que implementa la funcionalidad básica común a todos los modelos de red neuronal. De esta base parte dos hijas, las clases **TFfRed** y **TFbRed**. TFfRed incluye las características comunes a la mayor parte de los modelos Feedforward. Por su parte TFbRed es el equivalente para las redes Feedback. De estas dos clases derivan los modelos concretos como MFN, Perceptron, etc. Esta derivación implica que una clase hija *hereda* la funcionalidad que ya tenía su padre, pudiendo aprovecharla tal cual la recibe, añadiéndole nuevas características o redefiniéndola por completo.

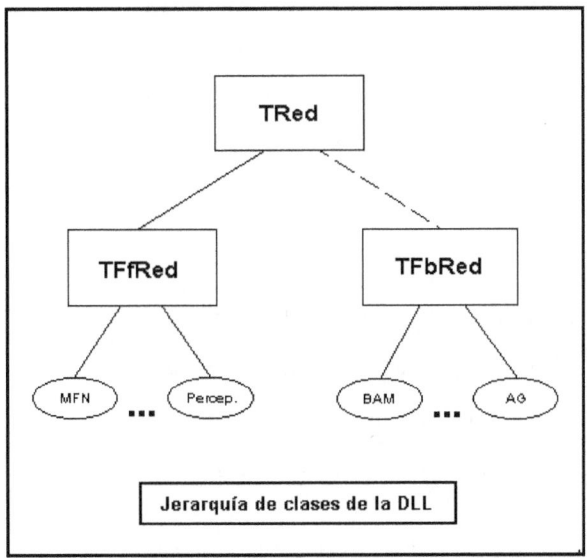

Jerarquía de clases de la DLL

Un ejemplo podría ser la red de Kohonen, que a diferencia de la mayor parte de las redes Feedforward necesita normalizar los pesos cada vez que se modifican. La lógica para el tratamiento de los pesos está en TFfRed. La clase que implemente a la red de Kohonen, no necesita redefinir todo el tratamiento de los pesos de su padre, sino que lo aprovecha, realizando la normalización después del tratamiento heredado.

Al plantear la jerarquía de clases surge un problema. Todas las clases desde TRed hasta los nodos finales tienen el mismo objetivo, implementar una red. Por tanto debemos determinar qué implementa cada clase. Es decir cada clase tendrá unas limitaciones y responsabilidades, que habrá que determinar durante la fase de diseño. Es necesario invertir mucho tiempo en esto, pues si cometemos algún fallo aquí después será complicado solucionarlo.

6.5.6 Reutilización del código.

La reutilización del código puede plantearse en dos niveles: interno y externo. La interna se refiere a poder aprovechar el código ya escrito para una red a la hora de implementar otra y la externa se refiere a usar el código de un modelo en varias aplicaciones a la vez.

La reutilización interna se consigue mediante la orientación a objetos y una jerarquía de clases inteligente. Como hemos visto obtener la jerarquía requiere un esfuerzo de diseño bastante grande, pero las ventajas que obtendremos serán aun mayores.

La reutilización externa es más difícil de conseguir. En Windows existe un concepto denominado **Enlace Dinámico** que nos ayudará en esta tarea. Para comprenderlo debemos repasar la forma en la que trabajan los compiladores. Un compilador en cualquier lenguaje estructurado puede encontrarse con el código fuente dividido en varios ficheros. Cada fichero se compila por separado, obteniéndose un código objeto (ficheros *.OBJ y *.LIB). Posteriormente se linkan los OBJ y LIB de cada fichero y se genera el EXE final. El proceso de linkage o enlace supone no solo unir el código físicamente, sino también resolver las referencias a funciones que se producen desde un fichero a otro. A este proceso se le denomina **enlace estático**, al quedar resuelto en tiempo de compilación.

El enlace dinámico es en esencia idéntico al estático, pero en lugar de producirse en tiempo de compilación se produce en tiempo de ejecución. Es decir cuando el programa llama a una función que no le pertenece (que no ha sido enlazada estáticamente), el sistema operativo debe buscar el módulo que contiene a dicha función y ejecutarla.

En Windows el enlace dinámico se logra con las DLLs. Las DLLs son unos ficheros que recogen código y datos. Son en definitiva librerías de funciones o de clases (y en algunos casos también de recursos). Una DLL puede ser usada por varios programas.

Supongamos por ejemplo que queremos realizar una aplicación especializada en el reconocimiento de caracteres. Dicha aplicación debe contener la lógica de la red neuronal que use. La aproximación que suele realizase es incluir el código de la red en el código del programa. Pero supongamos que tiempo después queremos crear otra aplicación para la rectificación de ondas, y necesita el mismo modelo de red que el reconocedor de caracteres. Tendremos que repetir de nuevo el código de la red en la nueva aplicación. Ello supone un esfuerzo extra de programación y una pérdida de tiempo y dinero.

La solución ideal sería poder compartir el código entre varias aplicaciones. Así el reconocedor de caracteres puede compartir su código con el rectificador de ondas. El resultado es que ahorramos tiempo en el desarrollo de los programas. También eliminamos redundancias y por tanto ganamos espacio en disco y en memoria. Las DLLs permiten alcanzar este objetivo.

Las DLLs de Windows se caracterizan por ser código reentrante, es decir pueden ser utilizadas por varias aplicaciones al mismo tiempo. Sin embargo no importa el número de programas que puedan estar usando la DLL, sólo existirá una <u>única</u> copia de ella en memoria.

Esto supone un claro ahorro de recursos. Así las partes comunes de distintas aplicaciones sólo se cargarán una vez en memoria.

Todas estas características tan ventajosas tienen su contrapartida a nivel de programación. Así las DLLs suponen una de las partes más oscuras y difíciles de tratar dentro de Windows. Una DLL se considera al igual que las aplicaciones como un módulo, pero que sólo admite una instancia. Su otra característica diferenciadora es que no posee pila propia y que por tanto usará la del programa o módulo que la llama (de esta forma se consigue separar datos y código en dos módulos distintos, lo que permite que el código sea reentrante). Si no posee pila, entonces a nivel de código máquina DS será distinto de SS, mientras que en una aplicación normal ambos segmentos son equivalentes. Este hecho diferenciador debe ser tenido en cuenta por el programador en todas sus acciones. Así no es posible emplear punteros near en ningún momento, ni llamar a las funciones de las librerías que proporciona el compilador (ya que suponen que DS=SS). Para más detalles consulte los libros de la bibliografía en el apartado de Windows.

6.5.7 Eficiencia.

En todos los puntos anteriores hemos hecho referencias, directa e indirectamente a la eficiencia, pero siempre ha quedado claro que éste es uno de los puntos centrales que un buen simulador debe tener como objetivo.

Como es lógico el usuario quiere que su red aprenda lo más rápido posible. El simulador se ve condicionado por los algoritmos de entrenamiento, pero puede aportar algo. Así en los dos primeros puntos de esta sección, hemos visto técnicas inteligentes para calcular lo más rápidamente posible el valor de salida de las neuronas.

También hemos tratado puntos que indirectamente reducen la eficiencia, como el enlace dinámico y el uso de programación orientada a objetos. El enlace dinámico tal y como vimos se resuelve el tiempo de ejecución y eso supone un tiempo de penalización. Para minimizar este problema se ha diseñado la DLL de manera que no se llame a funciones de enlace dinámico dentro de bucles o algoritmos de aprendizaje.

Por otro lado el uso de la programación orientada a objetos ralentiza la ejecución de los programas, especialmente el las llamadas a funciones virtuales. Se ha intentado reducir lo más posible el uso de estas funciones dentro de los bucles de los algoritmos de aprendizaje, pero aún así sería más eficiente el uso de C puro. Sin embargo, la orientación a objetos origina más beneficios que inconvenientes.

6.5.8 Escalabilidad.

En el mundo de las redes neuronales aún no está todo dicho, y es frecuente que aparezcan nuevos paradigmas y arquitecturas. A este respecto es necesario que un simulador pueda crecer con facilidad, o dicho en lenguaje técnico que sea escalable. Así cuando aparezca un nuevo modelo de red neuronal debería ser fácil de añadir a los ya existentes.

Para lograr este objetivo la programación orientada a objetos nos facilita mucho las cosas. Una buena jerarquía de clases como la presentada en los puntos anteriores, es muy flexible a la hora de añadir nuevos nodos hijos, pues cada uno de ellos es totalmente independiente del resto de nodos a su mismo nivel. Es decir, la implementación del Perceptrón es totalmente independiente a la de una Madaline, aunque ambas dependen de sus clases base comunes. Así mientras no se modifiquen estas clases básicas, la creación de nuevos modelos de red neuronal es totalmente independiente. Esto reduce el ámbito al que el programador debe prestar su atención, lo que supone una programación más rápida y fácil de verificar.

6.5.9 Independencia de la aplicación.

Un simulador que concentrara el código relativo a las redes neuronales en una DLL o en algún otro tipo de librería, debería intentar que dicho código fuese lo más independiente posible del resto del simulador. El grado máximo de independencia se consigue cuando la aplicación que usa la DLL, no puede distinguir qué modelo está usando o cuántos están disponibles. Esto se ha conseguido en la implementación del proyecto, diseñando a TRed como una clase que define el interface común para todas sus derivadas. Así accederemos a la clase TMFN, que implementa una red de tipo MFN, usando las mismas funciones que cuando accedemos a TPerceptron o a TKohonen. Por tanto el simulador trata a todos los modelos por igual, y no se ve obligado a hacer distinciones a la hora de tratar unas redes u otras.

Como se comentó en puntos anteriores, la implementación de la funcionalidad de los modelos se realizaba entre las clases base y el nodo final. Por tanto TRed no tiene toda las funcionalidad de una red completa. ¿Cómo es entonces posible que tenga el mismo interface que por ejemplo TMFN?. Fácil, se usan funciones virtuales puras. En otras palabras, TRed contiene la definición de los prototipos de todas las funciones públicas, a las que tendrán acceso todos los programas que usen la DLL. Aquellas funciones que puedan ser redefinidas en las clases derivadas se declaran como virtuales, y las que además de redefinibles no tengan una implementación hasta que no se derive la clase, se definen como virtuales puras.

Con todo lo que hemos visto se consigue que las aplicaciones se limiten a coordinar las llamadas a las funciones de la DLL y a implementar su lógica interna, despreocupándose casi por completo de si están trabajando con uno u otro modelo de red. Como puede adivinar esto simplifica muchísimo el código de un simulador multi-red (capaz de simular varios modelos).

6.5.10 Facilidad de uso.

Los simuladores de redes neuronales han sido tradicionalmente unos programas oscuros, muy especializados, prácticamente desconocidos y que inicialmente fueron concebidos como las herramientas de trabajo de los investigadores. Esto ha llevado a que el número de usuario sea escaso, por lo que sus programadores no se preocuparon mucho del aspecto externo de sus creaciones o de si eran cómodas para el usuario o fáciles de manejar. Lo único que importaba era la potencia de los algoritmos.

Hoy en día las cosas han cambiado mucho en la informática y pocos se atreven a presentar aplicaciones que no corran bajo entornos gráficos. Además se busca que el programa *mime* al usuario, haciéndole la vida más fácil. Esta tendencia no acaba de llegar al mundo de las redes neuronales.

A este respecto el simulador del proyecto puede verse como un intento claro de crear un auténtico **simulador visual**. Este hecho reafirma a Windows como la plataforma de trabajo más deseable. La organización en ventanas, la configuración mediante cuadros de diálogo, la representación gráfica interactiva y un sistema de menús inteligente, confieren a la aplicación tal facilidad de uso que cualquier usuario podría enfrentarse al simulador, aunque no conozca muy bien la materia. Precisamente éste era uno de los objetivos iniciales, pues se pretende que este simulador pueda servir no sólo para realizar trabajos de alto nivel, sino también de cara a la enseñanza.

6.6 Algoritmos de entrenamiento:

A continuación vamos a abordar un tema muy interesante y complejo, la implementación de los algoritmos de aprendizaje de un MFN. No es el objetivo de esta sección incluir todo el código fuente necesario, si no presentar un pseudocódigo que pueda servir para comprender mejor los algoritmos que van a ser explicados, y que el lector se de cuenta de la dificultad interna de los simuladores. Para aquellos que deseen entrar en contacto con el código fuente en su estado más puro, pueden consultar el código de la DLL que acompaña a esta documentación. En concreto revise los fuentes de las clases TRed y TMFNRed.

Prepárese, porque los algoritmos de aprendizaje son siempre una auténtica pesadilla numérica. El MFN emplea tiene dos opciones. Primero se estudiará la backpropagación, uno de los más famosos y potentes algoritmos de entrenamiento, y posteriormente los gradientes conjugados, un método parecido a la backpropagación pero más inteligente y elaborado.

6.7 Backpropagacion.

Después del olvido en el que cayeron las redes neuronales, tras una breve popularidad en los años sesenta, la backpropagación volvió a ponerlas en el candelero. A finales de los sesenta el libro de Minsky y Papert "Perceptrons" puso en jaque a las redes neuronales. Uno de los grandes inconvenientes que se les veía era la ausencia de un algoritmo que permitiera ajustar sus pesos cuando tenían más de dos capas. En los años ochenta Rumelhart, Hinton y Williams crearon la backpropagación que resolvió el problema. Para una visión completa de la historia de las redes neuronales consulte el apéndice 1.

Entre los mayores inconvenientes de este algoritmo de aprendizaje están su relativa lentitud de convergencia a una solución, la posibilidad de quedar atrapado en mínimos locales, y su no correspondencia con los procesos biológicos.

La backpropagación ha tenido muchas mejoras y variantes, que afinan un poco más el algoritmo. Sin embargo no se han conseguido solucionar ninguno de sus problemas.

A grandes rasgos, el ciclo lógico que sigue este algoritmo es el siguiente:

(a) Inicializar los pesos a valores no nulos. Curiosamente no funciona muy bien si todos los pesos son cero. Puede comprobarlo con el simulador. La generación de los pesos iniciales puede ser aleatoria (es el método más rápido y frecuente), con annealing (algoritmo que busca una buena posición inicial mediante ensayo y error), regresión (aproxima una solución si la red no tiene capas ocultas), algoritmos genéticos (crean una población de redes en la que las mejores compiten por tener *descendencia*), etc.

(b) Presentar el conjunto de entrenamiento a la red, obteniendo una medida del error medio a lo largo del conjunto. En la realidad no suele presentarse todo el conjunto de una vez, es preferible elegir un subconjunto del conjunto de entrenamiento, al que denominaremos epoch (del inglés *época*, pues preside y caracteriza toda una fase o iteración del entrenamiento). Este epoch debería generarse de manera aleatoria, para no condicionar el aprendizaje.

(c) Dejar que el algoritmo de la backpropagación ajuste los pesos de la red a partir de las conclusiones obtenidas en el paso (b).

(d) Volver al paso (b), repitiendo este ciclo hasta que se reduzca el error mínimo marcado externamente o hasta que el usuario pare el entrenamiento.

El paso (c) necesita un tratamiento más profundo. Pensemos desde un punto de vista lógico cuál es nuestro objetivo: minimizar el error de la red, mediante la modificación de los pesos. Ahora reflexionemos sobre qué datos tenemos: el error medio para un epoch. La medida del error usada puede ser RMS o MSE (podemos elegir la que queramos).

Ahora que está claro el problema pensemos en una forma de abordarlo. Si nuestro objetivo es modificar los pesos hasta que el error sea cero, ésto podremos expresarlo matemáticamente como:

$$\partial E / \partial w_{ij} = 0$$

donde E es la medida del error en RMS o MSE, w_{ij} es el peso que va del PE i-ésimo de la capa A al j-ésimo de la capa B (A es una capa cualquiera y B es la capa anterior), y O representa al operador "derivada parcial de". Por tanto la expresión anterior significa que nuestro objetivo es conseguir que la derivada parcial de E con respecto a cada uno de sus pesos alcance el valor 0. Ello evidentemente se conseguirá cuando E sea igual a cero (o a una cte, lo que implicaría un mínimo local).

El valor en un momento dado de la derivada parcial del error respecto de los pesos se expresa como:

$$\partial E/\partial w_{ij} = - o_i \cdot f'(net_j) \cdot (t_j - o_j)$$

donde o_i es el valor de salida de la i-ésima neurona de la capa anterior, net_j es la suma ponderada que toma como entrada la neurona j de la capa de salida (también puede generalizarse para las capas ocultas), o_j es el valor de activación de esta neurona, mientras que t_j representa la salida deseada para esa misma neurona. Observe que necesitamos conocer la derivada de la función de activación. La fórmula anterior se expresa normalmente en dos partes:

$$A_j = f'(net_j) \cdot (t_j - o_j)$$

$$\partial E/\partial w_{ij} = - o_i \cdot A_j$$

donde A_j recibe el nombre de delta del PE i-ésimo.

Hasta aquí las ecuaciones presentadas hacen referencia a los pesos de la capa de salida. Las derivadas perciales con respecto a los pesos de la capa oculta pueden ser calculadas si los valores de delta (Δ) para la siguiente capa son conocidos.

En la siguiente fórmula w_{ki} es el peso que conexiona al PE j en la capa oculta a la neurona k en la siguiente capa. A_k hace referencia a los deltas de la siguiente capa a la oculta, mientras que los A_j se refieren a los deltas de la capa oculta. La siguiente ecuación describe las variaciones del error respecto a las variaciones de w_{ij}, que en esta ocasión es un peso que conecta al PE j-ésimo de la capa oculta con el i-ésimo de la capa anterior:

$$A_j = f'(net_j) \cdot SUM(k=1..n, A_k \cdot w_{kj})$$

$$\partial E / \partial w_{ij} = - o_i \cdot A_j$$

Dese cuenta que la actualización de los pesos en la backpropagación se realiza según las ecuaciones anteriores (podemos entender las derivadas como incrementos) y siguiendo un orden inverso al de ejecución. Es decir primero se evalúan y se modifican los pesos para la capa de salida, luego para la capa oculta 2, y por último para la capa oculta 1. Este orden se impone a que los deltas calculados en una capa son necesarios para modificar los pesos de la anterior. Este efecto puede entenderse como que el error se propaga hacia atrás, de ahí el nombre del algoritmo: retro/back-propagación.

NOTA: En muchas ocasiones los deltas (Δ) reciben el nombre de gradientes.

Las ecuaciones que hemos visto están expresadas para un único ejemplo, pero pueden generalizarse para todo un epoch. Para ello basta con sumar en un acumulador los gradientes para cada ejemplo del epoch. Y luego modificar los pesos con los valores del acumulador. Dado que existe un acumulador para cada PE, se necesitarán una serie de arrays extras. Otra opción es ir modificando los pesos para cada ejemplo del epoch según se presenta. Esta solución nos libera de tener que reservar memoria, pero empeora la velocidad de convergencia del algoritmo, al introducir oscilaciones.

Puede consultar el código fuente si lo desea, para ver cómo se implementa el cálculo de gradientes y en general todo el algoritmo.

En su versión original la backpropagación es lo que se considera en análisis numérico un algoritmo basado en minimizar gradientes. El gradiente de una función multivariable es la dirección que nos lleva a incrementar su valor. Si hacemos un símil topográfico podemos pensar en los gradientes como las líneas o caminos que nos conducen hacia las cimas de las *montañas*. Así pues, avanzar en el sentido que nos indique el gradiente, supone incrementar más el valor de la función que avanzar en cualquiera de los otros sentidos posibles. Si le damos la vuelta al gradiente, multiplicándolo por menos uno, tendrá un sentido opuesto. Hemos hallado una forma de bajar de las *montañas* hacia los *valles*.

La función sobre la que estamos hallando los gradientes, en el caso de las redes neuronales es el error RMS o MSE, cuyas variables independientes son los pesos.

El gradiente será por tanto un vector multidimensional, tendrá tantas dimensiones como pesos haya, e indica cómo modificar las variables de entrada de la función (es decir los mismos pesos), para incrementar lo más posible la salida de la función (el error).

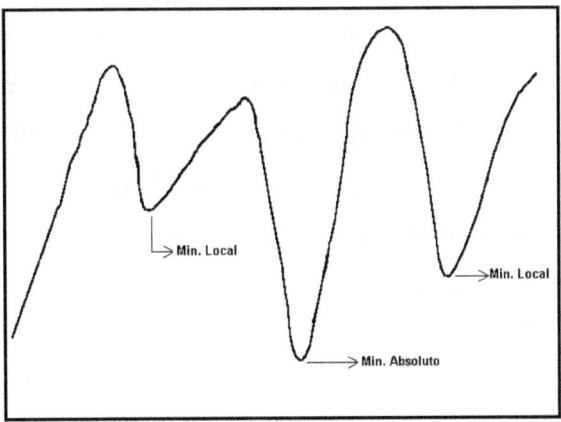

En cada iteración del algoritmo estamos calculando todas las componentes del gradiente (negado), para dar un paso hacia abajo, descendiendo de los puntos de mayor error a los de menor. Así paso a paso es de suponer que terminemos encontrando un punto de error mínimo, al menos localmente.

Existen muchos mínimos locales y un único mínimo global. Para comprender los conceptos de mínimos globales y locales, piense que si anotamos el valor de la función de error para cada posición (valores de pesos) obtendremos un paisaje n+1 dimensional, siendo n el número de pesos. Cada peso direcciona una coordenada y el valor de salida de la función de error otra.

Podemos pensar en esto como en auténticos paisajes topográficos, con colinas y valles. Supongamos que estamos dentro de una especie de cápsula, que se desliza suavemente por las laderas de las colinas energéticas. Nuestra cápsula no tiene ventanillas, así que no podemos ver por dónde vamos. Sin embargo en el interior hay un altímetro, que nos indica a qué altura estamos (en este símil la altura se corresponde con la energía, y ésta con el error cometido por la red para un conjunto de ejemplos determinados). Nuestro objetivo es llegar al mar (altura 0).

El problema es que no sabemos en qué parte del paisaje estamos (partimos de una posición aleatoria y desconocida). ¿Podremos conseguirlo?. En principio parece fácil, lo único que tendremos que hacer es movernos siempre hacia aquellas posiciones con menor altura, así antes o después llegaremos al mar. Sin embargo esta idea encierra un problema. Veamos: Estamos en un punto concreto (h=20) y a nuestro alrededor las alturas son h= 21, h= 19, h= 23, h= 15. Como es lógico iremos a la posición h= 15. Una vez aquí podemos encontrarnos con que a nuestro alrededor las posiciones son h= 16, h= 17, h= 19, h= 20. ¡Ahora no podemos movernos hacia ninguna posición menor!. Lo que ocurre es que estamos en un mínimo local, es decir es un punto con altura menor que los puntos circundantes. Pero sabemos que existe un punto con una altura aun menor h= 0, a éste le llamaremos mínimo global. Escapar de un mínimo local puede parecer fácil, bastaría con recordar por donde hemos venido y deshacer lo hecho.

Sin embargo esto supone llevar un registro de las posiciones por las que hayamos pasado. Podemos llevar un potente ordenador de última generación abordo. Sin embargo aún hay un problema: en la realidad a cada paso que demos, tendremos infinidad de puntos a nuestro alrededor para revisar y memorizar. La conclusión es que el método es inviable no sólo por su lentitud, sino también por la posibilidad de quedar atrapados en los mínimos locales. Como hemos visto no existe una solución obvia y de hecho éste es uno de los grandes problemas de las redes neuronales hoy en día. Más adelante veremos el concepto de annealing que trata de aportar soluciones.

Como ya dijimos antes el gradiente puede entenderse como un paso hacia la cima o el valle de una colina. Estos pasos están ponderados por un real menor que uno y muy cercano a cero aunque sin alcanzarlo. Este valor se denomina tasa de aprendizaje. El valor de esta tasa puede ser crítico, si es muy pequeño supone que avanzaremos a un paso muy lento, y si es demasiado grande, los avances pueden ser tan bruscos que saltemos de unos puntos a otros sin llegar a converger. La elección de un valor ideal para la tasa de aprendizaje no es una tarea fácil, ya que puede depender de las características del problema. En general suele tomarse como valor inicial 0.01 o 0.001 y luego según la evolución del entrenamiento se hacen mejoras.

El método de la backpropagación tiene muchos problemas. En primer lugar el gradiente es una solución muy local. Es decir, a la hora de decidir qué dirección es la mejor, sólo toma en consideración su contexto local. Esto nos puede llevar a caer en mínimos locales. Además pequeñas distancias en la posición de partida pueden producir direcciones muy diferentes. Estas pequeñas variaciones pueden provocar que la búsqueda de un mínimo no sea todo lo directa que cabría esperar.

Su segundo problema es que resulta difícil llegar a conocer de antemano, hasta cuando continuar en la dirección marcada por el gradiente. Es decir cuánto debemos avanzar en el sentido del gradiente. Si somos conservadores y avanzamos en pequeños pasos, el tiempo de aprendizaje se extenderá mucho. Pero si nos aventuramos con pasos más largos, puede que acabemos incluso incrementando el error.

El algoritmo de gradientes conjugados aporta una solución al segundo problema, pero para el primero no existe una respuesta sencilla y tendremos que recurrir al annealing.

Antes de finalizar conviene aclarar algunos conceptos. Según el análisis numérico los gradientes son siempre perpendiculaRes a las líneas que unen todos los puntos con el mismo error (valor de función).

De acuerdo con esto, no resulta difícil darle una representación gráfica a los gradientes. Si lo hacemos observaremos un movimiento de zig-zag en los gradientes hasta que finalmente converjan. La convergencia se logra según vaya perdiendo intensidad el zig-zag. Esta naturaleza oscilatoria es una de las razones que hace a la backpropagación un algoritmo muy lento.

Para comprender la forma en la que converge la backpropagación imagínese que dejamos resbalar una canica por la ladera de una montaña. La canica desciende por la ladera hasta un valle. Pero no se queda quieta en el valle, sino que sube por la ladera de otra montaña, hasta que se le acaba la energía cinética.

Tras esto desciende, vuelve a pasar por el valle y de nuevo regresa a la montaña de la que partió, pero ahora alcanza menos altura a causa del rozamiento. Nos encontramos con que la canica describe movimientos de zig-zag con cada vez menos intensidad, hasta que finalmente tras perder toda su energía cinética se queda atrapada en el valle.

Con la idea de mejorar el velocidad de convergencia de la backpropagación se han ideado muchas mejoras. No es nuestro objetivo verlas aquí todas, y en realidad la única que nos interesa es la del momento. Si añadimos un momento al gradiente podemos atenuar el zig-zag. Dicho momento implica tener en consideración los valores de los gradientes en la iteración anterior, lo cual supone un gasto de memoria aún mayor.

Según este método cada nueva dirección se calcula como la suma ponderada del gradiente actual y el anterior dirección. En esencia esto es un filtro de paso bajo aplicado a la dirección de búsqueda. La experiencia confirma que éste es un truco extremadamente efectivo, llegando a acelerar considerablemente la convergencia.

Esta solución a pesar de sus ventajas también tiene sus problemas. El más significativo de todos ellos es la elección del momento adecuado. El momento es una variable real que puede tomar cualquier valor entre 0 y 1 pero preferiblemente sin alcanzar ninguno de los extremos. Valores bajos para el momento supondrán que las oscilaciones aún dominen la convergencia, y valores demasiado altos pueden imposibilitar el aprendizaje.

Un valor heurísticamente óptimo es 0.05, y suele usarse como punto de referencia a partir del cual se realizan ajustes finos según el problema.

Por último comentar muy brevemente otras mejoras sobre la backpropagación:

1) Cambiar la tasa de aprendizaje a medida que éste avanza, intentando de tener una longitud de paso tan grande como se pueda, pero sin que haya salto bruscos.

2) Modificar la fórmula para la derivada de la función de activación, de tal forma que se obtengan valores ligeramente superiores. Esto evita que se generen pesos muy altos que puedan saturar a los PEs, dificultando la convergencia.

3) No modificar los pesos de todas las capas a la vez. Primero actualizar los de la primera capa de entrada. Usar las nuevas salidas de la red para calcular la corrección para la segunda capa oculta. Por último proceder con la capa de salida. Con esto se logra una convergencia mucho más rápida.

El simulador que acompaña a este proyecto implementa a la backpropagación básica con momento. Si queremos usar la backpropagación básica tal y como la describió Rumelhart bastará con dar el valor cero al momento.

El algoritmo a grandes rasgos quedaría así:

    Inicializar las componentes del gradiente a ceros.

    Inicializar la mejor red con los mismos valores que la red actual

    Inicializar el error de la mejor red con el error de la red actual

    Repetir mientras que no se alcance número máximo de iteraciones

Construir un epoch aleatorio

Hallar los gradientes para el epoch

Para cada capa k de la red (salida, oculta2, oculta1) Hacer

    Para cada neurona j en la capa k Hacer

        Para cada neurona j de la capa k-1 Hacer

            peso(i,j) = tasa_aprendizaje * gradiente(i,j) +

            momento * incremento_anterior_peso

        Fin-Para

    Fin-Para

Fin-Para

Calcular el error de la red

Si error < error mejor red entonces copiar red actual en mejor red

Si error < mínimo dado por el usuario entonces salir

Fin-Repetir

Una vez más le remito al código fuente para más detalles sobre la implementación completa.

Existen una serie de detalles en el algoritmo que no podemos pasar por alto. El primero es la ocupación de memoria. La red neuronal por si sola necesita tres arrays de pesos (uno por cada capa oculta y otro para la de salida) y otros cuatro arrays para los valores de activación de las neuronas (uno para cada capa).

Antes de comenzar el aprendizaje es necesario guardar una copia de la red inicial, por lo que todas las estructuras anteriores se duplican. Esta duplicación es necesaria porque en algún sitio tenemos que guardar la mejor red que se encuentre a lo largo del aprendizaje. Por otro lado es necesario guardar tres arrays, cada uno con el mismo número de elementos que los arrays de pesos, en los que se guardarán las componentes del gradiente. Por último deben existir arrays para almacenar el valor del último incremento de la red.

Si suponemos que la red tiene en memoria un total de n pesos y m valores de activación la memoria total que debe estar disponible para ejecutar el algoritmo será:

$$4 \cdot n + m$$

Dado que las tres componentes que constituyen m, se multiplican para obtener n, la ocupación no crece linealmente al crecer la red, pudiendo en algunos casos (caso peor) a presentar un crecimiento cuadrático.

Por otro lado está el tema de la complejidad del algoritmo. Este tema puede abordarse desde muchos puntos de vista, todo depende con respecto a qué variable la consideremos, pues hay varias.

En realidad el único punto de vista que nos interesa es la complejidad media (plantear los casos mejor y peor no tiene mucho sentido aquí), respecto a todo el algoritmo. Algunos trabajos han apuntado a que esta complejidad puede llegar a ser no polinómica en algunos casos.

Para más información sobre el algoritmo de backpropagación consulte el trabajo de Rumelhart y McClelland, publicado en 1986.

6.8 Gradientes conjugados.

Imagine que está justo en el borde de un abismo, en cuyo fondo hay un río. Fluye hacia su derecha, desembocando en un lago a 10 kilómetros. Supongamos que queremos llegar hasta dicho lago, que en este símil representa el mínimo de la función.

Con respecto a nuestra posición actual el lago se encuentra, 10 kilómetros a la izquierda y 20 metros hacia adelante. La ruta más corta sería la diagonal hacia abajo. El algoritmo de backpropagación que vimos en la sección anterior, bajaría en zig-zag. Esto supondría caminar mucho (muchos pasos de computación).

Los gradientes conjugados proporcionan un método que nos llevará directos al lago. En un primer lugar nos haría descender hacia el río, y luego nos acercaría hasta el lago.

Examinemos la lógica de este algoritmo. La mayor parte del tiempo de computación es empleado en encontrar la función de mínimo error en una dirección (es decir los pesos varían de tal forma que nos desplazamos por el mapa topográfico en una dirección sin componentes). En otras palabras, tenemos un vector que contiene todos los pesos $\mathbf{W}_0$, y un vector que marca la dirección a seguir, $\mathbf{W}_d$. Ahora nuestro problema es minimizar la función de una variable:

$$f(\mathbf{W}_0 + \mathbf{W}_d \cdot t)$$

donde t es la variable independiente. Más adelante veremos que la correcta selección de $\mathbf{W}_d$ producirá una mayor velocidad de convergencia. De momento nos concentraremos en minimizar la función. El algoritmo que usaremos aquí, emplea el método de Brent de 1973.

El proceso de minimizar una función univariable requiere dos pasos. El primero de ellos se concentra en encontrar tres puntos tales que el punto medio es menor que (la función adquiere en él un menor valor) sus vecinos. Durante el segundo paso refinaremos el intervalo hasta encontrar el valor mínimo (con la precisión deseada).

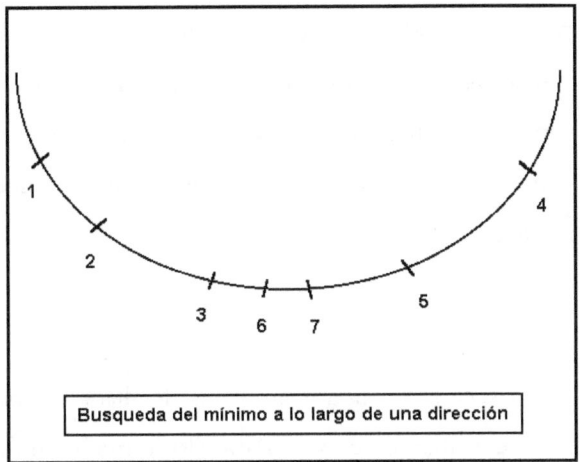

Busqueda del mínimo a lo largo de una dirección

Comenzamos en un punto inicial, y nos moveremos a un segundo punto según la dirección previamente seleccionada. Si observamos que el valor de la función en el nuevo punto ha descendido con respecto al anterior, entonces seguimos adelante y escogemos un nuevo punto en esa dirección.

Seguir adelante probando en más puntos hasta que en uno de ellos observemos que el valor ha crecido. Es de suponer que el mínimo estará entre el último punto tomado y el anterior. Consideremos un tercer punto, el antepenúltimo de la serie. En la ilustración estos tres puntos son 2, 3 y 4.

La segunda parte del algoritmo parte de los tres puntos de acabamos de hallar para hallar otros nuevos y que sucesivamente acoten el mínimo. El primer punto que hallaremos, intentando predecir el mínimo, será el número 5 (ver en la figura). Dado que es menor que el cuarto pero no excede al tercero, podemos olvidarnos del punto 4. Ahora sabemos que el mínimo cae entre 2 y 5. De nuevo intentamos interpolar su posición y obtenemos el 6. Luego con el 3, 5, 6, hayamos el 7 y así sucesivamente hasta encontrarnos suficientemente próximos al mínimo.

El resto de esta sección es una visión más detallada del proceso de acotamiento, que acabamos de ver. Para ello usaremos un algoritmo de minimización lineal a lo largo de una dirección. Para más detalles consulte el código fuente de TFfRed. En concreto estudie la función **DirecMin**, que es la encargada de implementar este algoritmo.

Para implementar su funcionalidad DirecMin se sirve de otras funciones auxiliares, éstas son:

1.- **PasoABase(...)**: salva los pesos que fueron entrada de DirecMin, para que puedan servir como paso base X_0.

2.- **PasoBase(...)**: recibe como entrada al parámetro t a lo largo de la dirección X_d y la base X_0. Calcula los nuevos pesos aproximadamente.

3.- **Entren_Error(...)**: Pasa por todos los elementos del conjunto de entrenamiento (preferiblemente del epoch de esta iteración), calculando el error medio. Esta rutina a diferencia de las demás pertenece a TRed.

4.- **NegarDir(...)**: Invierte el sentido de búsqueda.

5.- **ModifDir(...)**: Multiplica el vector que contiene la dirección de búsqueda, por el valor especificado del parámetro t, tal que refleje la actual diferencia entre el punto correspondiente y el punto X_0.

Ahora vamos con **DirecMin(...)**. Lo primero que hace esta función es salvar los pesos en un área de trabajo, y para ello llama a PasoABase(...). El punto base X_0 nos servirá como un punto estandard de partida para la minimización. El error de la red (valor de la función) en este punto nos lo da la variable de entrada **err_inicial**. El paso en la dirección **direc** es ahora tomado para generar el segundo punto. La longitud de este paso nos la dará **primer_paso**, inicializado a 2.5. Este valor no es es crítico en la convergencia pero puede acelerarla ligeramente. Su valor óptimo depende del problema en concreto, así que 2.5 representa un valor heurísticamente bueno para todos las situaciones.

Normalmente el error descenderá en este segundo punto, ya que la dirección de búsqueda se supone tomada según el gradiente inverso. En cualquier caso el algoritmo hace una comprobación y si detecta que el error ha crecido en lugar de descender, entonces llama a **NegarDir(...)** que se encargará de invertir la dirección.

A estas alturas ya hemos hallado dos puntos, siendo el primero mayor que el segundo. Ahora debemos encontrar un tercero, más allá y en la misma dirección que el segundo. No existe ninguna regla en especial que deba ser seguida para localizar dicho punto. En nuestro caso usaremos un método conocido como el espaciado del radio de oro (golden ratio spacing):

$$x3 = x2 + 1.618034 * primer\_paso$$

Con esto obtendremos el tercer punto. Para cada punto tenemos una medida de su error.

A continuación buscaremos tres puntos a partir de los ya conocidos y que cumplan:

$$f(x1) > f(x2) < f(x3)$$

donde f es la función de error. En otras palabras se cumple que en el interior del intervalo **(x1, x3)** se encuentra el mínimo. Para realizar esto debemos tener en cuenta que existen 4 posibles localizaciones para el mínimo:

1.- Está entre x2 y x3. Esto generalmente ocurre cuando estamos cerca del final de la búsqueda. En este caso la función es evaluada aquí y comparada con el valor de la variable **err** (error en x3). Idealmente será menor que err, así que ya hemos conseguido acotar el error. x1 y x2 se actualizan. Por otro lado puede ocurrir que el valor de la función llegue a exceder a su valor en x2. Esto no es un desastre, ya que aún tenemos acotado el mínimo. Simplemente basta con sustituir x3 y el valor de su función por el nuevo punto. El gran problema surge cuando nada de lo anterior ocurre. La evaluación de la función resultó ser una pérdida de tiempo y todo lo que podemos hacer es hallar otro punto más allá de x3 (continuando con la misma dirección que a principio y usando el espaciado del radio de oro).

2.- La estimación de la parábola está más allá de x3, pero dentro de un límite arbitrariamente grande. Esto suele ocurrir pocas veces cuando descendemos por una *colina*. Se evalúa la función aquí. En este punto, dado que podemos estar bastante lejos de x1 y x2, la estabilidad numérica en la estimación parabólica de la siguiente iteración puede sufrir. Por tanto, tomaremos la oportunidad de tomar un punto más según el radio de oro. Por supuesto ésto debe hacerse sólo si el valor de la función decrece. Si no, no habrá siguiente iteración.

3.- La estimación parabólica está más allá de un límite razonable. Fijar la longitud del paso a dar igual a ese límite, y a continuación dar el paso. Dese cuenta de que esta duplicación de código puede ser evitada por la combinación de los casos 2 y 3, incluyendo una simple limitación del tamaño del paso. La razón de ser de esta duplicación, es permitir la experimentación. Sería deseable mantener el radio de oro usado en el caso 2, pues puede que trabaje mejor en algunos casos que el radio de oro estándar del caso 3, tal y como ocurre en el caso 4. Esta estructura simplifica tal experimentación. Debe notar sin embargo que el método es muy robusto a pesar de todo.

4.- Si la estimación parabólica estaba en cualquier otro sitio, entonces es evidente que es errónea. Puede incluso que hayamos encontrado la acotación de un máximo. Usar el radio de oro para buscar un nuevo punto.

Si no conseguimos acotar el mínimo con el caso 1, el final del bucle decrementa el punto en una unidad, y el bucle empieza de nuevo. Continúa hasta acotar al mínimo, que presumiblemente estará cercano a x2.

El segundo paso consiste en, acotado el mínimo entre x1,x2,x3, hallar el mínimo con la precisión deseada. Por cuestiones de claridad se han renombrado las variables. A partir de ahora se denominarán **xalto, xmejor, xbajo**.

Ahora se emplea un método numérico para hallar el mínimo. Este método se conoce como *algoritmo de Brent*. No es el objetivo de esta sección explicar con todo detalle su funcionamiento. No obstante si le interesa puede seguir los comentarios que acompañan al código fuente.

Un punto importante que antes dejamos en el aire, es la elección de una buena dirección de búsqueda. Si elegimos una dirección errónea no importa lo bueno que sea el algoritmo de minimización, pues el aprendizaje será siempre deficiente.

A este respecto existe una familia de métodos denominados gradientes conjugados. Estos eligen una dirección de búsqueda de manera inteligente. Uno de los mejores es el descrito por Polak y Ribere (1971). Su justificación matemática es demasiado compleja para presentarla auí, así que nos conformaremos con saber cómo funciona.

De este algoritmo se puede decir que genera una secuencia de vectores de trabajo, **g**, y de direcciones de búsqueda, **h**, tales que los h's están mutuamente conjugados. Puede probarse que si nuestra función a minimizar (n-dimensional) puede expresarse de forma cuadrática, la minimización a lo lardo de las primeras n h's nos llevará hacia el mínimo exacto. Dado que las funciones de error de las redes neuronales son aproximadamente cuadráticas cerca del mínimo local, es de suponer que este método es capaz a converger rápidamente, una vez que está cerca del mínimo.

A continuación explicaremos en detalle el algoritmo de Polak-Ribere. Mientras, si lo desea puede seguir por la función **GradConj** de TFfRed.

La lista de parámetros pasada a GradConj(...) contiene tres formas de escapar del algoritmo. La primera de ellas es tras alcanzar un número máximo de iteraciones (generalmente será un número muy grande). La segunda y tercera se refieren al error mínimo absoluto y relativo. Internamente el algoritmo comienza inicializando los vectores g y h. Cada iteración comprueba al error absoluto para ver si se ha alcanzado la convergencia, y tras ésto se minimiza a lo largo de una dirección h (un gradiente) y se comprueba la el error relativo para la convergencia. El gradiente es recalculado en ese punto minimizado. Finalmente la constante gamma es calculada y usada con g y el viejo h para encontrar la dirección de búsqueda para la siguiente iteración. Esta dirección se almacena tanto en h como en grad. Dese cuenta que restringiendo gamma a el rango (0, 1), casi siempre aceleraremos la velocidad del aprendizaje.

Dentro de ese bucle, incluiremos una comprobación para no quedarnos atrapados en un valle. Si la dirección de minimización no es efectiva, entonces debemos tratar de minimizar directamente en la dirección del gradiente. Si eso falla, buscar direcciones aleatorias.

La subrutina **BuscarGrad** usa las ecuaciones de la backpropagación para hallar el gradiente. La subrutina gamma calcula la constante según la fórmula:

gamma= ((c - g) · c) / (g · g)

donde c es el gradiente negativo, el cual será c en la siguiente iteración, y g es el valor actual del vector g.

Inicialmente la subrutina **BuscarNuevoGrad** calcula la nueva dirección añadiendo gamma veces la vieja dirección de búsqueda al gradiente actual.

6.9 BACKPROPAGACION vs GRADIENTES.

La backpropagación tiene tres graves problemas:

1.- Converge en zig-zag, con unas oscilaciones que ralentizan mucho su algoritmo de aprendizaje.

2.- La convergencia puede quedarse atrapada en mínimos locales.

3.- El algoritmo de aprendizaje deja que el usuario tenga que fijar un parámetro, la tasa de aprendizaje, que puede variar de unos problemas a otros.

Los gradientes conjugados solucionan los puntos 1 y 3, pero siguen cayendo en mínimos locales fácilmente. La solución a este problema se deja para el siguiente capítulo.

Si ha comprendido bien los dos algoritmos de aprendizaje, se habrá dado cuenta de que los gradientes conjugados y la backpropagación con momento guardan cierto parecido. Pero difieren en dos aspectos fundamentales.

En primer lugar observamos que en los gradientes conjugados no es necesario fijar una tasa de aprendizaje o tamaño del paso. Los pasos se repiten con la variación de las distancias hasta que se encuentra el mínimo en esa dirección.

En segundo lugar el término momento es llamado gamma, y varía a cada paso del algoritmo a un valor óptimo en lugar de ser una constante dada por el usuario.

7 Escapar de mínimos locales (annealing)

Tal y como vimos en el capítulo anterior todos los algoritmos de aprendizaje para las redes MFN, y más generalmente todas las redes que usen cualquier variación de la backpropagación, tienen un problema común: los mínimos locales.

Si somos optimistas podemos pensar que los mínimos locales son poco frecuentes y que no merecen un tratamiento especial. Sin embargo, la realidad dicta justo lo contrario, y lo que suele ser raro es que no quedemos atrapados en ninguno. Por tanto surge la necesidad de buscar métodos que nos permitan evitar dichos mínimos o si ya hemos caído en alguno salir.

En cuanto a la prevención de los mínimos locales no hay mucho que decir, pues aún no existe ningún trabajo que aporte una solución definitiva. No obstante actualmente se están realizando algunas investigación.

Respecto a escapar de los mínimos una vez estamos en ellos, existe una técnica denominada annealing y que será el centro de este capítulo.

Cuando caemos en un mínimo local el primer problema está en detectar la situación. En general el método usado es esperar a ver si el algoritmo de aprendizaje mejora los pesos para la red considerablemente. Si esto no ocurre es de suponer que estamos en un mínimo. Pero no sabemos si es un mínimo local o global.

Para averiguarlo se suele saltar a otras posiciones, con diferentes intensidades. Si tras esto no se consigue una mejora, se considera que nos hallamos en un mínimo global, en caso contrario el mínimo será local, y continuaremos nuestro aprendizaje en la nueva posición.

Aunque en este proyecto sólo se ha implementado el annealing, existen otros algoritmos como los genéticos. Las técnicas genéticas se basan en una metáfora que emula la evolución de las especies. Se genera una población de pesos aleatorios alrededor de una red inicial, tomada como centro de las variaciones o mutaciones. A cada red se le asocia el error calculado para el epoch actual.

A menor error más probabilidades tienen las redes de *aparearse* con otras. Este proceso de apareamiento reproduce el proceso de intercambio genético en la reproducción de las especies vivas.

El material genético de las redes son sus pesos. La forma de intercambiar los pesos es decisiva en el resultado final. Existen varias técnicas. La más sencilla es la que considera a cada peso como una unidad entera e indivisible. Otras técnicas los codifican en binario (se suelen usar codificaciones Gray o alguna variante), antes de recombinarlos bit a bit para finalmente decodificarlos.

Esta última aproximación produce resultados mejores que la primera, aunque necesita muchísimo más tiempo de computación.

En general los algoritmos genéticos se comportan mejor que el annealing, especialmente al hallar los pesos iniciales, durante la inicialización del aprendizaje. Sin embargo tienen un gran problema. Por un lado requieren muchísima memoria, además estos requerimientos van aumentando a medida que crece el tamaño de la red. Para redes medianas y grandes la cantidad de memoria necesaria llega a ser prohibitiva. Por ejemplo supongamos una red mediana que ocupe unos 500Ks.

El algoritmo genético necesita almacenar, para crear una población de redes significativa, unos 100 individuos más o menos. El resultado en cuanto a términos de memoria es evidente 50MB, sin contar las estructuras auxiliares. Además la velocidad de ejecución de los algoritmos genéticos es inferior a la del annealing.

Conclusión: Los algoritmos genéticos son teóricamente muy interesantes y complejos, y pueden ser usado con redes de pequeño tamaño, pero en la práctica y con redes mayores resultan inabordables. Por el contrario el annealing requiere poca memoria, es más fácil de implementar y rápido en su ejecución.

A parte de los dos soluciones ya vistas existen otras formas de escapar de los mínimos locales, que no serán desarrolladas, pero creo que al menos merecen ser citadas:

>1.- <u>El algoritmo de Apolex</u>: es un método estocástico para solucionar problemas combinacionales de gran tamaño. Unnikrishman y Venugopal (1992) mostraron como aplicarlo a las redes MFN.

>2.- <u>El algoritmo de Baba y Kokazi</u>: Desarrollado en 1992, este algoritmo mixto combina el poder de decisión local de los gradientes conjugados, con el poder de un método estocástico, que posee una probabilidad de 1 para encontrar el mínimo global.

7.1 Mínimos locales falsos.

Como hemos estado viendo los mínimos locales surgen como mucha facilidad, sin importan lo simple que pueda ser el problema a resolver, o lo pequeña que pueda ser la red. Sin embargo no todo lo que parece un mínimo local lo es.

En teoría, concluimos que estamos en un mínimo local cuando el gradiente es cero. En la práctica las cosas se complican porque nunca obtendremos valores exactamente iguales a cero. La cuestión es: ¿cómo de cerca debemos estar de cero para considerar que hemos alcanzado el mínimo?. No podemos saberlo a priori.

El problema surge cuando la superficie por la que se desliza el gradiente es casi plana, aunque tiende a descender. En estas ocasiones, aunque con gradientes muy pequeños, el error desciende, pudiendo llegar a regiones no tan planas con el tiempo.

Una vez comprobada esta posibilidad llegamos a la conclusión de que para saber si estamos en un mínimo local, no podemos fiarnos del valor del gradiente.

Por otro lado está el problema de la precisión. Si por ejemplo le damos al gradiente sólo 5 decimales de precisión, veremos como el algoritmo puede llevarnos a una región lo suficientemente plana como para que las variaciones en el gradiente se produzcan más allá del sexto decimal. Esto también podría llevar a que pensáramos falsamente en un mínimo. En general lo mejor es emplear gradientes lo más precisos posibles y por encima de los ocho decimales.

7.2 El algoritmo de annealing.

7.2.1 Generalidades.

El annealing es una técnica que las redes neuronales han copiado a la metalurgia. Cuando los átomos de una pieza de metal son alineados aleatoriamente, el metal puede fracturarse con facilidad. En el proceso de annealing, el metal es calentado hasta alcanzar temperaturas muy altas, causando que los átomos se agiten violentamente. Si el metal es enfriado muy rápido, los átomos de la microestructura tomarán una disposición aleatoria. Pero si se enfría muy lentamente, tienen tiempo a formar patrones estables. Así se consiguen metales más resistentes.

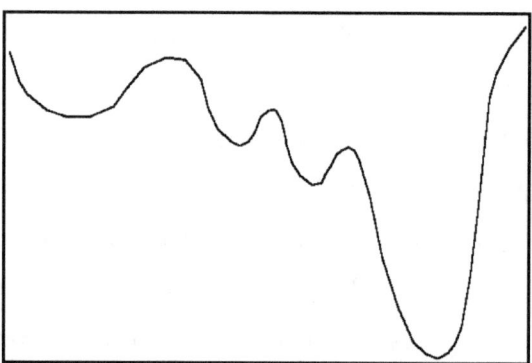

La analogía de este proceso con las redes neuronales puede encontrarla observando la figura de esta hoja. Suponga que vamos a lanzar una canica por esta función. Tarde o temprano se quedará quieta en algún sitio, probablemente en un mínimo local.

Para sacarla de éste podemos probar a empujarla. Si el valle (por ejemplo los de la izquierda de la gráfica) en el que se encuentra es pequeño, la fuerza del empujón será suave, pero si se encuentra en una sima, será necesario darle una buena sacudida.

El annealing aplicado a las redes neuronales puede realizarse a base de modificar los valores de los pesos (variables independientes en la función de error). Durante estas variaciones se guarda la mejor de todas las redes halladas.

La modificación de los pesos se realiza empleando el generador de números aleatorios. Así se genera un número de una amplitud máxima determinada (pudiendo ser tanto positivo como negativo) y se suma a un peso.

Repitiendo esto con todos los pesos, obtendremos una red que estará cerca de la original. La distancia máxima que puede separarlas, queda determinada por la amplitud dada al generador de números aleatorios. Podemos repetir este proceso para diferentes distancias, almacenando siempre un copia de la red que posea el menor error.

En otras palabras el annealing consiste en explorar, a partir de una posición inicial, los alrededores. Para ello buscamos a distancias aleatorias. Primero exploramos las posiciones más alejadas del centro y luego nos vamos acercando.

NOTA: a la amplitud máxima del generador de números aleatorios en cada iteración se la denomina **temperatura**.

El annealing es una técnica que puede utilizarse acompañando a algún algoritmo de aprendizaje. Se puede aplicar en dos momentos. El primero es la inicialización, antes de comenzar el algoritmo de aprendizaje, cuando buscamos unos buenos pesos iniciales. Tras esto lo normal sería realizar el entrenamiento (backpropagación o gradientes conjugados) y esperar a que quede atrapado en un mínimo local (generalmente se espera un número de iteraciones alrededor de 1000, no existe otro criterio mejor).

Ahora es el momento de volver a aplicar el annealing, que nos sacará del mínimo local. Si no lo consigue, reinicializa los pesos de la red y empezamos de nuevo. A lo largo de todo el proceso, llevamos una estructura de red en la que guardaremos los pesos de la mejor que hayamos encontrado.

7.2.2 Los parámetros del annealing.

Cada intento con unos pesos aleatorios puede llevar mucho tiempo, así que como es natural intentaremos reducir al máximo el número de pruebas, tratando de perder la menor eficiencia posible. Para ello es necesario buscar unos parámetros óptimos.

En este método el número total de intentos es igual al producto del número de temperaturas por el número de iteraciones en cada temperatura. Lo que debemos determinar es cada una de esas cantidades.

Recuerde que después de las iteraciones con una temperatura determinada (para una misma distancia se hacen varias pruebas antes de rechazarla), la mejor posición (si es que se mejora la anterior) pasa a ser el centro de la siguiente iteración. Por tanto debemos considerar con qué rapidez queremos quedarnos bloqueados en un área. También debemos elegir una tempera inicial y final, y un número determinado de temperaturas intermedias.

La elección adecuada de estas cantidades depende de nuestros propósitos. Si estamos en la fase de inicialización de los pesos, nos interesa explorar un área bastante extensa. Además tampoco nos debe preocupar hallar un buen punto con mucha precisión, ya que de eso se encarga el algoritmo de aprendizaje.

Por tanto nos interesa elegir muy pocas temperaturas (dos o como mucho tres) y unas temperas inicial y final amplias.

Por otro lado si estamos aplicando el annealing de cara a salir de un mínimo local, nos interesa usar más temperaturas (alrededor de cuatro). Esto se debe a que nos conviene que haya una mayor variedad de posiciones, ya que no sabemos lo lejos que tendremos que saltar para escapar. Puede que el área de convergencia al mínimo sea muy amplia y necesitemos una temperatura muy grande, o puede pasar justo lo contrario. Por tanto es lógico usar un mayor número de intentos, con una temperatura inicial y final moderadas.

Por último debemos considerar cómo de separadas han de estar unas temperaturas de otras. Es decir, conocemos la inicial y final así como el número de intermedias, pero no cuáles serán. Para hallarlas la mejor y más rápida solución es emplear un factor como el siguiente:

$$c = e\wedge(\ Ln(t_{inicial} - t_{final})\ /\ (n-1)\ )$$

donde $t_{inicial}$ y t_{final} son las temperaturas inicial y final respectivamente, n es el número de amplitudes intermedias, y c es el factor de espaciado. ¿Cómo usar a c? Fácil. Sólo hay que multiplicar la anterior temperatura por c y obtendremos una nueva. Como c es menor que uno el proceso es de reducción, y por tanto debemos partir de $t_{inicial}$ que es la más alta.

7.2.3 Implementación.

A continuación se discuten algunos aspectos de la implementación. Sería conveniente que los siguiera por el código fuente de TFfRed. En concreto revise la función **Anneal**.

Para comenzar sería una buena idea incluir durante la modificación de los pesos un limitante a su valor. Durante todo el annealing estamos añadiendo a los pesos valores aleatorios. Puede ocurrir que algunos lleguen a tener unos valores muy grandes, o al menos lo suficientes como para saturar la activación de las neuronas. Este es un efecto pernicioso y debe ser evitado. En general no nos interesa que un peso sobrepase el valor de cinco, por poner un límite.

Otro aspecto importante es qué pesos necesitan ser inicializados o perturbados aleatoriamente. En el caso de las redes MFN sólo los de las capas ocultas necesitan este tratamiento. Si conocemos aproximadamente los pesos óptimos de las capas ocultas, no es difícil hallar los de la capa de salida. Para ello podemos usar la **regresión**.

En la práctica durante la inicialización de los pesos se emplea la regresión, para aproximar sus valores en la capa de salida. Los demás se someten a variaciones aleatorias. Sin embargo cuando el annealing se aplica para escapar de mínimos locales, es preferible no usar la regresión, pues suele ser contraproducente.

A continuación se explica con pseudocódigo de alto nivel el funcionamiento del annealing. Note que lo aquí expuesto es en realidad una simplificación del código fuente:

<u>*Entradas:*</u>

    Red central *(a partir de la cual se aplica la aleatoriedad)*

    temperatura inicial, final y número de temperaturas

    número de intentos por temperatura

    número de intentos hacia atras si mejora

<u>*Fin Entradas.*</u>

<u>*Inicio:*</u>

    Guardar la red actual en la red central.

    Hallar error de la red actual y guardarlo como mejor error.

    // Bucle de reducción de temperaturas.

    <u>***Para cada***</u> ***itemp= 0..núm. temps -1*** <u>***Hacer***</u>

        Flag mejorado = FALSO

        <u>***Para cada***</u> ***iter= 0.. núm. iteraciones por temp -1*** <u>***Hacer***</u>

            Fijar una semilla nueva en el generador

            Perturbar la red actual a partir de central con temp actual

Hallar error de red actual

<u>*Si*</u> *mejoramos error respecto a mejor error* <u>*Entonces*</u>

    Guardar semilla actual

    *Flag mejora = **VERDAD***

    Llevar iter hacia atrás // <small>Según var de entrada</small>

    Guardar error actual como mejor error

<u>*Fin Si.*</u>

<u>*Fin Para.*</u>

<u>*Si*</u> *Flag mejora= **VERDAD*** <u>*Entonces*</u>

    Fijar semilla actual con semilla guardada

    Fijar con semilla guardada el generador de núm. aleatorios

    Recuperar mejor red

    Guardar mejor red como red central

    Fijar semilla del generador con nueva semilla (cualquiera)

<u>*Fin Si.*</u>

Reducir la temperatura actual

<u>*Fin Para.*</u>

<u>*Fin Inicio.*</u>

A continuación comentaremos algunos detalles de este algoritmo, que a priori pueden quedar oscuros. Lo primero que hacemos es guardar una copia de la red pasada al algoritmo como central. Además se calcula su error.

El objetivo de estas acciones es proporcionar una red de referencia. Es decir, cuando entramos en el bucle, las acciones emprendidas se harán con la red actual, la que fue entrada del algoritmo. Durante estas modificaciones es necesario mantener una copia de cómo era la ésta, para saber con respecto a qué centro se realizan las modificaciones. Además esta copia nos sirve para guardar cuál ha sido la mejor red hallada durante todo el proceso.

El hecho de guardar su error en una variable a parte, nos permitirá después comparar el error de esta red central, con el de la red actual (que ha sido perturbada). Así sabremos si se produce alguna mejora. Si esta llegara a producirse, entonces surge un problema. Lo más efectivo sería guardar la red actual como mejor red inmediatamente. Pero entonces perderíamos el centro de las perturbaciones.

Esto no sería un problema si no fuera porque estamos en un bucle, al que no conviene interrumpir en cuanto se encuentra la primera mejora. La solución ideal sería tener una tercera red. Pero esto supondría gastar un espacio extra de memoria. Existe una solución mejor en cuanto a la ocupación en memoria, e igualmente eficiente:

El generador de números aleatorios tiene lo que se denomina una semilla. Dicha semilla es en realidad un primer valor para una serie de números. Para una misma semilla la secuencia generada es siempre la misma, pero distintas semillas producen series distintas. Podemos aprovechar esta característica para evitar tener que guardar la mejor red en un tercer array.

Antes de perturbarla en el segundo bucle guardamos en una variable la semilla actual, y la fijamos como semilla activa del generador. Si de la modificación resulta una red mejor que la anterior, guardaremos en lugar de sus pesos la semilla que lo generó. De esta forma nos aseguramos poder reproducir de nuevo las variaciones en los pesos.

La rutina encargada de la perturbación de la red central para generar una nueva, emplea la temperatura actual. Su forma es un tanto especial y no es evidente:

```
void TFfRed::DesplazarArray(long n, double huge * centro,
    double huge *despl, double temp) {
    double r;
```

```
// La varianza de la derivada sobre (0..1) es 1/12.

// Si se añaden 4 variables aleatorias, se multiplica la varianza por 4

// Y dividir entre 2 divide la varianza entre 4. De ahi la sig operacion:

    temp *= 3.464101615 / (2.0*alea.MaxRand()); // SQRT(12)=3.46410



    while (n--) {

        r = (double) alea.Rand() + (double) alea.Rand() -

            (double) alea.Rand() - (double) alea.Rand();

        *displ++ = *centro++ + temp * r;

    }

}
```

Es de suponer que usted esperaba que la función fuera más evidente. Como por ejemplo generar un valor aleatorio y sumarlo al peso. Sin embargo se impone complicar un poco las cosas para mejorar el rendimiento. Se añaden cuatro variables con el objetivo de conseguir una distribución de probabilidad con forma de campana.

Si se fija dos de estas variables son sumadas y otras dos son restadas. Sumando dos y restando dos se consigue que el significado de la variación sea cero. La varianza de una desviación uniforme sobre 0-1 es 1/12.

Añadiendo cuatro variables de este tipo de multiplica la varianza por cuatro. Así pues multiplicaremos la temperatura por la raiz cuadrada de 12 y el resultado lo dividiremos entre dos, con el objetivo de producir una variable aleatoria, cuya desviación estándar sea igual a la temperatura de entrada. Como conclusión decir que nuestro objetivo es lograr que la distribución sea lo más normal posible (nomal se refiere a distribuciones de probabilidad normales).

7.3 Otros aspectos.

En primer lugar debe tener en cuenta que el algoritmo presentado en este capítulo contiene algunas perversiones con respecto los algoritmos de annealing simulado comúnmente usados. Algunas de las versiones más conocidas de este método, aceptan las mejoras de forma estocástica y no determinísticamente.

De esta forma se conseguiría se evitan algunos mínimos locales. La decisión de usar un algoritmo determinístico, se basa en que al usarlo con redes neuronales los resultados son mejores. Tenga en cuenta que el annealing es un método muy anterior a la aparición de las redes y que ha sido aplicado a otras muchas áreas, cada con sus aplicaciones particulares.

Otro aspecto que merece la pena discutir es la cuenta atrás que presenta el algoritmo, cuando se produce alguna mejora. Tenemos dos bucles uno anidado dentro del otro. El primero prueba temperatura a temperatura, y el segundo realiza una serie de intentos por cada temperatura. Si uno de estos intentos provoca una mejora, se cuentan hacia atrás un número determinado de iteraciones.

Esto se debe a que puede ser interesante explorar más puntos para esa temperatura antes de pasar a la siguiente, pues el hecho de que se haya producido una mejora nos hace sospechar de que puede ser una región favorable. Con esta lógica tan optimista lo único que podemos perder es tiempo, pues el número de iteraciones puede incrementarse mucho.

Por otro lado está la tasa de reducción de la temperatura (c). Esta tasa marca cuáles serán las temperaturas intermedias. En la implementación del simulador se emplea la expresión exponencial vista anteriormente, sin embargo debe tener en cuenta la existencia de otras opciones. El problema del método exponencial es que tiene algunas limitaciones teóricas.

En teoría el mejor método para reducir las temperaturas sería una suave tasa logarítmica. Sin embargo la práctica parece rebatir a la teoría justificando el método exponencial. Actualmente se están haciendo investigaciones sobre este tema. En cualquier caso y como suele ocurrir el valor óptimo depende mucho del problema a resolver.

Uno de los aspectos más fascinantes del annealing se refiere a la separación del algoritmo en partes independientes. De esta forma se consigue paralelización. Una vez se ha logrado esto podría ejecutarse en ordenadores con varios elementos procesadores, cada uno de ellos encargado de trabajar con una parte diferente del algoritmo. Como el lector ya habrá notado el annealing es muy lento, especialmente cuando la red es muy grande. La paralelización es una forma de acelerarlo.

7.4 Para saber mas...

El annealing aquí tratado es un algoritmo relativamente simple aunque efectivo. Por supuesto no es el único medio para escapar de los mínimos locales o para inicializar los pesos. Existen otros trabajos que sugieren annealings más sofisticados que el aquí visto. Estos logran resultados aún mejores, pero como contrapartida está una mayor complejidad.

El simulador de este proyecto sólo implementa el annealing para escapar de los mínimos locales, y la regresión junto con la inicialización aleatoria y el annealing para hallar los pesos de partida. La decisión de escoger estos algoritmos y no otros, se basa a que son ampliamente conocidos y usados (y por tanto están muy estudiados).

A continuación se citan algunos trabajos que pueden ser interesantes:

- **Aarts y van Laarhoven** (1987).

- **Azencott** (1992).

- **Styblinski** y **Tang** (1990).

Si está interesado en los algoritmos genéticos puede consultar el libro, incluido en la bibliografía de **Timothy Masters** (1993).

8 Regresión

En capítulos anteriores hemos hablado de la regresión como un medio que nos permite aproximar los valores de los pesos de la capa de salida. A continuación pasamos a estudiar esta técnica con el detalle que se merece.

8.1 Generalidades.

La **regresión lineal** es el proceso por el cual las combinaciones lineales de una o más variables independientes son usadas para predecir el valor de la variable dependiente. Por ejemplo, para una persona a dieta puede ser necesario estimar cuál es el número de calorías que necesita al día. Esto se calcula a partir de la ecuación:

$$\text{Calorías} = a \cdot \text{Altura} + b \cdot \text{Peso} + c$$

Donde a, b y c son constantes que pueden ser halladas con la regresión, y Altura y Peso representan a las variables independientes, cuyo valor depende de la persona.

Supongamos que tenemos un conjunto de n ejemplos, que nos indican el número de calorías necesarias para distintas alturas y pesos. Podemos usar estos ejemplos para hallar a, b y c. El método usado para realizar esta aproximación es la regresión lineal. La coletilla de lineal se debe a que el algoritmo trabaja sobre ecuaciones lineales. Cuando esto es así la aproximación da con los valores los exactos.

Las variables independientes son generalmente representadas como una matriz con n filas y tantas columnas como variables independientes haya, más una columna extra a la que se le da un valor 1 (para todos sus elementos).

En total se considera que hay m columnas. Las medidas de la variable dependiente se incluyen en una matriz (Y), cuya dimensión será nx1. Los coeficientes a ser estimados forman otra matriz (B) de mx1. Entonces la ecuación de la regresión puede indicarse como sigue:

$$Y = A \cdot B$$

El álgebra lineal nos dice que esta ecuación tiene una solución exacta B (quizás no única), si y sólo si Y cae en el subespacio determinado por las columnas de A. En el improbable caso de que n= m (el número de ejemplos igual al número de parámetros a ser estimados), nosotros podemos encontrar que A no es singular. En este caso B puede ser hallada calculando la inversa de A:

$$B = A^{-1} \cdot Y$$

Este método es muy poco eficiente (el tiempo de computación de una matriz inversa es muy elevado), aunque teóricamente es perfectamente válido.

En la mayor parte de los casos prácticos, el número de ejemplos n, excede con mucho el número de parámetros, m. En un mundo lleno de errores de muestreo, es muy poco probable que la variable independiente Y caiga por completo sobre el subespacio determinado por las columnas de A cuando n es mayor que m. Por tanto, debemos contentarnos con encontrar una solución que aproxime a B.

Una buena forma de hallar B es:

$$B = (A' \cdot A)^{-1} \cdot A' \cdot Y$$

Esta elección minimiza el error MSE. En otras palabras si cada B es aplicada al conjunto de ejemplos para predecir el valor de la variable dependiente, el error MSE obtenido será menor que para cualquier otra B.

Observe que éste es exactamente el mismo criterio usado en el aprendizaje por gradientes en las redes neuronales.

Solo los malos programas calculan la inversa de $(A' \cdot A)$ en la ecuación de B, pues calcular una inversa genera mucho trabajo, y existe una solución mejor. Esta solución se llama método de descomposición LU.

Existe un método incluso mejor que el anterior, la descomposición QR. Pero los programas realmente buenos, emplean el algoritmo expuesto en la siguiente sección. Evidentemente éste es el implementado por el simulador del proyecto.

8.2 Descomposición de valor singular.

Existe un problema cuando se trabaja con la regresión lineal, pero es poco conocido a pesar de los peligros que entraña. Incluso puede decirse que son pocos los programas profesionales que se ocupan de él.

El problema surge en la siguiente afirmación:

La regresión provoca una solución exacta B, quizás no única

La clave está en que la solución puede ser no única. Consideremos un pequeño ejemplo:

Tenemos dos variables independientes X1 y X2 que serán usadas para predecir a Y. También disponemos de los ejemplos que se muestran a continuación:

X1	X2	Y
2	1	3
4	2	6
6	3	9
8	4	12

Si nuestra ecuación es:

Y= a·X1 + b·X2 + c

inmediatamente nos damos cuenta de que una posible solución es:

a = 1

b = 1

c = 0

Pero cuidado, esta solución no es única, también está:

a = 2

b = -1

c = 0

El problema que acabamos de ver se produce por que existe una relación lineal entre X1 y X2. La mayor parte de los programas de regresión detectan esto y avisan al usuario, negándose a continuar. Pero el gran problema surge cuando la matriz de variables independientes es sólo **marginalmente singular.**

Esto ocurriría en el ejemplo anterior si los valores de X2 en lugar de ser 2, 4, 6 y 8 fueran 2.00001, 3.99997, 5.99996 y 8.0003, o similares. En estos casos difícilmente un programa puede calcular B, de tal forma que el error MSE sea minimizado en el último decimal. En la práctica lo que ocurre es que para el conjunto de ejemplos usados en la regresión todo va bien, pero para otros conjunto deja de funcionar. Se producen imprecisiones muy altas, demasiado para ser aceptadas. ¿Qué podemos hacer?.

La solución a nuestros problemas está en encontrar una base ortonormal, a la que llamaremos U. Esta base pertenece al subespacio determinado por las columnas de A. También debemos buscar un vector de m pesos, usualmente presentado como una matriz diagonal de m x m, a la que llamaremos W.

Si el rango de A es menor que m, por ejemplo p, entonces m - p pesos serán ceros. Finalmente construimos una matriz ortonormal de m x m, a la que llamaremos V. Esta matriz nos permitirá reconstruir a A:

$$A = U \cdot W \cdot V^T$$

Los algoritmos más irresponsables emplean A directamente para calcular B. Pero la forma más eficiente de hacerlo es descomponerla a en las partes de la ecuación anterior. A esto se le denomina **descomposición de valor singular** de A.

Tras la descomposición la ecuación de B quedaría como:

$$B = V \cdot W^{-1} \cdot U^T \cdot Y$$

Cuando los pesos son muy pequeños surge un problema con ciertas connotaciones filosóficas. Las columnas de U, las cuales contienen a los pesos de W, con valores que son pequeños o iguales a cero, no son importantes para calcular la A.

De aquí se deduce que deberían eliminarse, haciendo cero la correspondiente diagonal de W^{-1}. Pero estos son precisamente los elementos que serán mayores en W^{-1}. ¿Cómo podemos hacer ceros unos números que luego serán tan grandes?. Debemos tener en cuenta que en realidad esas columnas cercanas a cero no son más que ruidos que luego son amplificados.

Surge un problema. ¿Cómo de pequeños deben ser los pesos para ser despreciados?. La solución ideal depende del problema (como siempre en el mundo de las redes neuronales). En cualquier caso parece estar claro que a la hora de determinar un corte no podemos elegir un valor arbitrario, si no que éste debe depender del valor del peso más alto.

También debería tenerse en cuenta la precisión de la máquina, en nuestro caso del computador. A parte de ésto el criterio a seguir depende de si queremos que la solución se adapte más al conjunto de entrenamiento o al resto de ejemplos. Un buen radio (respecto a cero) heurísticamente hablando sería 1.e-6. Los elementos de W que fueran menores se harían ceros.

A modo de conclusión quédese con esto:

En un experimento de regresión bien diseñado, la matriz A será claramente no singular, y toda esta discusión será

irrelevante. Todos los pesos serán cero, así que no habrá que realizar ninguna transformación.

La utilidad de lo que acabamos de ver es la de prevenir los errores de diseño. Sin embargo cuando tratamos con redes neuronales, nuestro control sobre A es nulo, así que todo ésto resulta especialmente valioso.

Las matemáticas necesarias para abordar la regresión son mucho más complejas de lo que aquí hemos visto. El objetivo de esta sección sólo era realizar un resumen informativo. Si usted está interesado en el tema, le recomiendo que revise el trabajo de Forsythe (1977).

En cuanto a la implementación para el simulador consulte el código fuente de **TFfRed::Regresion**.

8.3 La regresion y las redes neuronales.

Las redes neuronales son intrínsecamente no lineales. De hecho las redes Feedforward con funciones de activación lineales, son incapaces de aprender conjuntos de ejemplos que no sean linealmente separables. Aunque para la capa de salida no son estrictamente necesarias, las funciones de activación deberían ser siempre no lineales. Por tanto no podemos usar la regresión lineal directamente. Por otro lado, la operación de paso de las activaciones de salida de una capa, a la entrada de la siguiente es meramente lineal.

En particular la entrada aplicada a una neurona de la capa de salida es una combinación lineal de las activaciones de las neuronas de las capas anteriores.

Si tratamos a las activaciones de las capas ocultas como variables independientes y si tenemos una entrada deseada para una neurona de salida como variable dependiente, entonces tenemos un problema de regresión lineal.

El vector de pesos de la neurona de la capa de salida, que la conecta con la capa anterior, es el vector B, el cual puede ser hallado por la regresión. Este vector de pesos será óptimo en el sentido de que minimiza el error MSE de la entrada.

Como es lógico lo que queremos minimizar es el error en la salida, así que no es la solución definitiva, sin embargo nos será útil.

8.4 El annealing y otros algoritmos.

El annealing y los algoritmos genéticos vistos en el capítulo anterior nos permitían escapar de mínimos locales e inicializar la red. Es un error aplicar estas técnicas aleatorias a todos los pesos, ya que existe una solución más eficiente.

Cuando trabajamos con redes neuronales los pesos realmente importantes son los que conectan a las capas ocultas entre si o con la capa de entrada. Una vez se han hallado estos pesos, el cálculo de los de salida es sencillo. El error de una neurona de la capa de salida, como una función de pesos que la conectan con la capa anterior, es generalmente una función con un buen comportamiento, que sólo tiene un mínimo local, el cual como es lógico es el mínimo global. Dese cuenta de que es absurdo calcular aleatoriamente estos pesos cuando existe una forma de aproximarlos.

Hay un problema, no podemos calcular directamente los pesos de salida por culpa de la no linealidad de la función de transferencia. Sólo algunos métodos iterativos bastante lentos como los gradientes conjugados pueden hacer esto.

En otras palabras la regresión no nos permite dar con la solución exacta a causa de la falta de linealidad, pero nos permite aproximarla. A pesar de que los pesos no sean realmente los óptimos, estarán mucho más cercanos a la solución que si los hubiéramos hallado aleatoriamente. Además son un excelente punto de partida para los algoritmos que se apliquen a continuación con vista a afinar aún más los pesos.

8.5 La implementación.

La regresión aplicada a las redes neuronales genera ciertos problemas. En la sección anterior vimos algunos, si bien eran más bien conceptuales. A continuación se describen ciertos aspectos de la implementación y sus inconvenientes.

Para empezar la regresión tiene el problema de necesitar mucha memoria. Por ejemplo, cuando se usa para aproximar los pesos de salida de una red, necesitamos almacenar el valor de activación de cada neurona de la capa justo anterior a la capa de salida, para cada elemento del conjunto de entrenamiento.

También necesitamos memoria suficiente para almacenar los valores de salida de la red para todo el conjunto de entrenamiento. Esto se organiza en un vector separado para cada neurona de salida. En definitiva necesitamos una matriz A con tantas filas como ejemplos de entrenamiento y tantas columnas como neuronas en la capa anterior a la de salida, más una columna adicional que se pone a 1. Este uno se corresponde con el Bias o entrada constante igual a la unidad.

Además para cada ejemplo del conjunto de entrenamiento es necesario calcular la inversa de la matriz de transferencia, para cada neurona de salida. Este es el valor de entrada deseado para la neurona de salida y se colocará en un vector separado Y para cada neurona de salida.

Finalmente se calcula la descomposición de valor singular de A, y a partir de ella se calcula a B para cada Y.

Recuerde que los pesos hallados no necesariamente minimizan el error MSE de las salidas, lo cual es nuestro verdadero objetivo. Sin embargo minimizan el error sobre de las salidas con respecto a las entradas, lo que ya de por si es mucho.

De nuevo le remito al código fuente para una completa descripción de cómo se produce la regresión.

9 Uso práctico de las redes MFN

Este capítulo trata de algunos de los aspectos más problemáticos en el diseño y uso de redes MFN. Aquellos que pretendan construir soluciones a problemas reales usando este modelo encontrarán muy útiles los algoritmos y consejos aquí dados.

Determinar los parámetro de una red neuronal es un trabajo difícil, pues el diseñador no tiene apenas referencias teóricas que le den soluciones concretas, todo lo más encontraremos ciertas pautas a seguir. Además muchas veces se obtienen tan buenos resultados que estamos tentados a pensar que una red neuronal puede aprender cualquier cosa independientemente de cómo se la presentemos, lo cual no es ni mucho menos cierto.

Si usted quiere llegar a ser un buen diseñador de redes neuronales, personalmente le recomiendo que empiece a pensar en sus redes como en compañeros de equipo. Usted hace una parte del trabajo y su red la otra. Cuanto más haga usted más fácil lo tendrá la red.

Tenga también en cuenta que el tiempo es dinero y que la productividad es lo que rige cualquier negocio. Si usted realiza un mal diseño, la red puede perder mucho tiempo entrenando y mucho puede significar incluso días enteros. Por tanto vaya haciéndose a la idea de que en la práctica las redes neuronales no son aquella maravilla de la que oyó hablar, pues aunque hacen mucho por sí solas, también necesitan de su habilidad y esfuerzo.

A continuación se discuten cada una de las fases de diseño.

9.1 Las capas de entrada y salida.

El diseño de las entradas y salidas de la red es lo primero que tiene que determinar. Es decir debe pensar qué tipos de variables externas debe conocer a la entrada y qué valores dará como respuesta.

Las redes neuronales pueden trabajar con varios tipos de variables: nominales, ordinales, reales (o de intervalo) y circulares. Intente estar siempre de acuerdo con las normas expuestas a continuación y le facilitará las cosas a su MFN. En concreto tenga cuidado con cómo codifica la información.

Debe tener siempre en cuenta que la red debe ser capaz a comprenderla. Un ejemplo de una mala codificación es la binaria.

9.1.1 Variables nominales:

Son variables que representan clases o categorías. No son valores numéricos. Las clases representan cosas o conceptos. Un ejemplo de categorías podrían ser los colores (rojo, verde, azul, amarillo, etc) o los tipos de fruta (pera, manzana, naranja, etc). Una característica importante es que no admiten relaciones de ningún tipo entre sus elementos. Ni siquiera del tipo menor / mayor que, igual a, etc.

Una vez identificada una variable como nominal hay que pensar en cómo representarla. Generalmente se elige la representación: *una clase una neurona*. Es decir la clase colores= (rojo, verde, azul), necesita de tres neuronas. La codificación es de tipo: *una activa o todas apagadas*. Es decir en cada momento sólo puede haber una neurona activa y las demás estarán apagadas. La clase que corresponda a dicha neurona se considera activa. La otra situación posible es que estén todas apagadas. En tal caso se considera que la clase activa es la clase vacía o nula. Tenga cuidado, no olvide incluir un caso nulo en su conjunto de entrenamiento.

Las neuronas de un MFN tienen una salida que oscila en (-1, 1) ó (0,1), según se elija la función de salida tanh o la sigmidal respectivamente. Por tanto podemos considerar una neurona aislada como una variable real. Pero lo anteriormente dicho, sugiere la idea de que las neuronas son binarias (dos estados: activas / inactivas). No se trata de una contradicción. Lo que ocurre es que debemos introducir un valor umbral, por encima del cual se considere a una neurona activa, o inactiva si su valor es inferior.

Esta codificación tiene la ventaja de que es muy simple y la red la entenderá fácilmente. Sin embargo existe un problema. Cuando tenemos a la salida una variable nominal con muchas clases, el aprendizaje pierde eficiencia. Suponga que la variable tiene 20 clases. Según la entrada actual, a la salida debería de estar activa sólo la tercera neurona, pero en realidad están activas la tercera y la séptima.

El error cometido entre 20 neuronas es pequeño ya que sólo ha fallado una (1/20 del error máximo). Este hecho se agrava si el número de clases es aún mayor (por ejemplo 100 supondría 1/100).

El resultado es que el algoritmo de aprendizaje se ve engañado, ya que aunque el error matemático (RMS o MSE) es pequeño, el fallo conceptual es muy grande. Para solucionar esto hay algunas propuestas aunque ninguna definitiva ni suficientemente general. El simulador del proyecto, que incluye la implementación del concepto variable, para las nominales utiliza el método que acabamos de ver.

A modo de ejemplo de las codificaciones alternativas, considere representar varias clases en una misma neurona. Así si el rango de salida es (-1, 1), podemos tomar el subrango (-1, -0.5) como representativo de la primera clase, el (-0.5, 0) se asigna a la segunda, y así sucesivamente. El problema de este sistema es que por lo general conlleva periodos de aprendizaje más largos.

9.1.2 Variables ordinales.

Al igual que las nominales las ordinales representan conceptos o categorías, utilizan una neurona para cada clase (que mediante un valor umbral sólo toma dos estados: activa / inactiva) y no son valores numéricos. Sin embargo existe una diferencia muy importante. Sobre las clases ordinales pueden establecerse relaciones mayor y menor que.

Por ejemplo: Sea la variable ordinal temperatura= (caliente, tibio, frío). Sobre sus clases podemos aplicar comparaciones, resultando: caliente < tibio < frío. Esta diferencia conceptual impone una diferente codificación. Así activar una clase supone activar a la neurona que la representa, y también a las neuronas de las clases que son menores. Las demás todas desactivadas. Al igual que para las nominales también se contempla la posibilidad de que ninguna esté activa.

9.1.3 Variables reales.

A diferencia de los anteriores tipos de variables, las reales poseen un significado físico y representan a una magnitud numérica que toma valores continuos en un intervalo. En general se considera una neurona por cada variable. La codificación debe realizarse teniendo en cuenta que el valor de un PE es de por si un valor real, en el rango (-1, 1) o (0, 1), y por tanto lo único que debemos hacer es una conversión de rangos. Dos tipos de codificaciones según los rangos:

- A la entrada: Transforma el valor real medido (V) en un valor de entrada a la red (A), siendo V_{min} y V_{max} el rango al que pertenece V. Por su parte A_{min} y A_{max} forman el rango A. Estos valores se suelen considerar como A_{min}= 0.1 ó 0.0, y A_{max}= 0.9 ó 1.0:

$$r= (A_{max} - A_{min}) / (V_{max} - V_{min})$$

$$A= r \cdot (V - V_{min}) + A_{min}$$

- A la salida: Transformar el valor de salida A en un valor que esté en el rango esperado (V):

$$V= (A - A_{min}) / r + V_{min}$$

Existe un problema. La función de transferencia de la capa de salida no suele ser lineal, sino que es sigmoide.

Las funciones de este tipo se caracterizan por una compresión de datos en los extremos (grandes variaciones de x para conseguir cada vez menores incrementos/decrementos en y, cuando nos acercamos a los extremos). Esta compresión tan beneficiosa la mayor parte de las veces, puede dar problemas con algunas aplicaciones. En esos casos elija una función de activación lineal.

9.1.4 Variables circulares.

Son un tipo de variables muy especiales, pero relativamente frecuentes en algunas áreas. Su rango va de 0 a 360 grados (si lo prefiere puede expresarlo en radianes). Su problema es que al llegar a 360 grados vuelven a tomar el valor 0.

Esta discontinuidad crea dificultades a la red. La mejor forma de allanarle el camino es eligiendo una codificación que elimine por completo dicha discontinuidad. La forma más común es transformando la variable circular en dos reales (por tanto son necesarias dos neuronas):

$$neurona\_1 = \cos(x)$$

$$neurona\_2 = sen(x)$$

Dese cuenta que las funciones seno y coseno son continuas.

9.1.5 Conclusiones.

A estas alturas ya debería de haberse dado cuenta de la importancia del concepto de variable en una red neuronal. Como ha visto es una idea lógica que nos facilita realizar la codificación siempre de la misma forma. Sin embargo debe tener en cuenta que la red neuronal no sabe nada de estas variables. Sólo entiende de neuronas y valores de activación.

Así pues el concepto de variable es un invento del diseñador para no complicarse la vida. El problema está en que la mayor parte de los simuladores (por no decir ninguno), no se preocupan demasiado de este concepto y obligan al usuario a construir los conjuntos de entrenamiento dando valores a las neuronas directamente, y muchas veces ni siquiera ofrecen una herramienta para hacerlo (es muy habitual que tengamos que recurrir a un editor de texto, y si hay que hacer conversiones de rangos tener que hacerlas a mano).

El simulador del proyecto intenta darle un vuelco a esta situación, explotando las características visuales de Windows. Así se permite que el usuario pueda trabajar con las variables (cada una en su ventana), introduciendo los datos con sus rangos (el programa transforma automáticamente los rangos de las variables a los de las neuronas). De esta forma se acelera el penoso trabajo de crear los conjuntos de entrenamiento.

9.2 Capas ocultas

Las capas ocultas presentan al diseñador dos preguntas: ¿Cuántas capas ocultas son necesarias? y ¿Cuántas neuronas en cada capa?.

Para la primera cuestión tenemos una respuesta proporcionada por las investigaciones teóricas (para una explicación más extensa consulte el capítulo 4):

> 1.- Con una sola capa podemos aprender cualquier función continua (acotada)

> 2.- Sólo necesitaremos dos capas cuando la función sea discontinua

NOTA: Una tendencia muy habitual en los principiantes es pensar que con dos capas ocultas van a conseguir una red con mayor precisión, más prestaciones e incluso mayor velocidad de aprendizaje. Pero en el mundo de las redes neuronales no todo lo grande es bueno, y debe buscarse la justa medida. Así pues nos encontramos con que **por cada capa oculta que añadimos el**

aprendizaje se vuelve más costoso, ya que los gradientes se vuelven inestables y se multiplica el número de mínimos locales, teniendo que recurrir con demasiada frecuencia al annealing. En general añada una capa oculta sólo cuando tenga buenas razones para ello.

Nuestro mayor problema ahora es que casi siempre desconocemos si la función a aproximar es continua o discontinua. Por tanto de cara a muchos problemas la anterior apreciación no sirve para nada. Al final debemos recurrir a un penoso ensayo y error, hasta encontrar la solución óptima. El mundo de las redes neuronales sigue esperando por teoremas que solucionen problemas como éste.

La otra cuestión que atormenta a los diseñadores es cuántas neuronas son necesarias en cada capa oculta. Al igual que para el problema anterior existe una solución óptima, pero es específica de cada problema. Lo que nos puede quitar el sueño es encontrarla, porque a priori no sabemos nada (no hay ningún teorema que pueda orientarnos).

Al final acabaremos recurriendo al ensayo y error. Sin embargo el vacío teórico en este área no es tan grande y se conocen algunos aspectos que un buen diseñador debería tener en cuenta.

Las neuronas de las capas ocultas se caracterizan por codificar las variables internas del problema, o si lo prefiere la complejidad. Entonces si nuestra red tiene menos neuronas ocultas de las necesarias, nunca aprenderá el problema.

Por el contrario si tiene más de la cuenta, entonces puede llegar a aprender más de las necesarias, perdiendo la capacidad de generalizar al aprender características propias de los ejemplos mostrados. Este efecto en parte, puede eliminarse usando conjuntos de aprendizaje mayores.

Por otro lado es bien conocido que los MFN no necesitan tantas neuronas en las capas ocultas como en las de entrada o salida. A veces una red con cientos de entrada y/o salidas resuelve el problema con una docena de neuronas ocultas.

Al final todo depende de las complejidad del sistema a representar. Otro aspecto que se ha demostrado con la práctica es que el número de neuronas de la segunda capa oculta es siempre inferior a las de la primera.

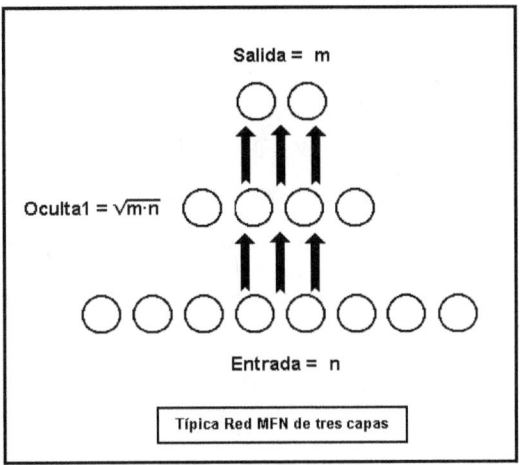

Típica Red MFN de tres capas

A este respecto existen algunas aproximaciones que intentan predecir el número de neuronas ocultas a partir del número de entradas y salidas. Supongamos una red con m neuronas a la salida y n a la entrada. Si sólo tiene una capa oculta, el número de neuronas en ella será:

PEs Ocul_1 = $(m \cdot n)^{1/2}$

Y si la red tiene dos capas ocultas:

r= $(n/m)^{1/3}$

PEs Ocul1= $m \cdot r^2$

PEs Ocul2= m · r

El problema es que las cifras que obtenemos no son más que aproximaciones, y en muchas ocasiones estarán muy alejadas de la realidad. Así nos encontraremos con que si el problema es muy simple nos sobrarán neuronas, pero si es muy complejo nos van a hacer falta más.

La solución más segura para hallar la representación óptima es el ensayo y error, pero usando un algoritmo que nos oriente, en lugar de hacer pruebas al azar. Se expone dicho algoritmo a continuación:

a) Entrenar y validar la red sin capas ocultas. Anotar el error obtenido y si es aceptable salir del algoritmo.

b) Entrenar y validar con una capa oculta de una sola neurona. Anotar su error y si es aceptable salir.

c) Repetir el paso b) tantas veces como fuera necesario hasta que se obtenga un error aceptable, o hasta que observemos que dicho error ha crecido respecto al paso anterior.

d) Ante un incremento del error al añadir una neurona en el paso e), se crea una segunda capa oculta (si es que el modelo la admite), y se repiten los pasos b) y c) pero ahora tanto sobre la primera capa oculta como sobre la segunda.

No debemos olvidar durante el aprendizaje, que al ir añadiendo un mayor número de PEs en las capas ocultas, se van creando más mínimos locales en el mapa energético de la red.

PEs Ocul1	PEs Ocul2	Err Entren.	Err Valid.	Err RMS
1	0	4.313	4.330	0.2081
2	0	2.714	2.739	0.1655
3	0	2.136	2.148	0.1465
4	0	0.471	0.485	0.0697
5	0	0.328	0.349	0.0590
10	0	0.319	0.447	0.0668
3	7	0.398	0.414	0.0643

| 7 | 3 | 0.113 | 0.163 | 0.0403 |

En la parte superior de esta página puede apreciarse una tabla con los resultados obtenidos al entrenar a una red, para diferentes configuraciones de sus capas ocultas.

La red tenía que aprender a aproximar la función diente de sierra (periódica) y para ello se le suministraron 300 puntos a modo de conjunto de entrenamiento. La columna del error de entrenamiento muestra el error MSE para este conjunto multiplicado por cien.

Para realizar la validación se ha suministrado un conjunto de 1000 puntos. El error generado por este conjunto se recoge en la cuarta columna. También en este caso se trata del error MSE multiplicado por cien. La última columna representa este mismo error pero tras aplicarle la raíz cuadrada (error RMS).

En la tabla se aprecian varias cosas. En primer lugar cuando la red tiene 3 capas existe un número mágico de neuronas a partir del cual el error disminuye bruscamente. Esta frontera está en 4 neuronas. Cuando la red tiene menos neuronas se observan unos errores muy altos. Esto se debe a que simplemente no tiene la capacidad suficiente para comprender el problema.

Un aspecto también importante es que a partir de 10 neuronas el error de validación, que es el que realmente nos interesa, crece en lugar de disminuir. Esto se debe a que al añadir más neuronas la red aumenta su capacidad para aprender más cosas. Si esta capacidad crece demasiado, la red puede aprender características propias de los ejemplos del conjunto de entrenamiento, perdiendo su capacidad para generalizar.

Usar una segunda capa oculta nos permitirá seguir bajando el error, sin perder capacidad de generalización.

9.3 Los conjuntos de ejemplos.

Este apartado trata sobre cómo construir los conjuntos necesarios para el aprendizaje de una red. En concreto necesitamos dos conjuntos de ejemplos:

- El conjunto de entrenamiento

- El conjunto de validación

El primero de ellos es el que usamos durante el aprendizaje y el segundo se usa tras el entrenamiento, y nos permite comprobar lo bien que funciona la red con otros ejemplos.

En un principio este tema puede parecer sencillo. No tenemos más que recoger unos cuantos casos y presentárselos a la red. Y de hecho usted puede hacerlo durante su fase de iniciación al mundo de las redes neuronales, pero cuando pretenda realizar trabajos más serios encontrará que éste es un punto muy importante. De hecho es un tema vital.

Piense que el conjunto de entrenamiento es todo lo que conoce la red, si elegimos uno malo ésta puede no aprender nunca el problema, o lo que es peor puede aprenderlo a medias. También puede ocurrir que un mal conjunto de validación nos lleve a la errónea conclusión de que nuestro modelo opera bastante bien cuando en realidad es pésimo.

En otras palabras, si usted pretende realizar trabajos medianamente serios, preste mucha atención a las siguientes consideraciones.

9.3.1 El conjunto de entrenamiento.

Respecto al conjunto de entrenamiento, tenga en cuenta lo siguiente. Cuando se siente a recoger casos para este conjunto, procure seguir una lógica imparcial. Es decir no tome ejemplos aleatoriamente. Esto puede ser nefasto, ya que puede dejar fuera alguno que sea representativo. Evite pues la aleatoriedad y en su lugar siga una estrategia. Intente encontrar cuáles son los ejemplos representativos del problema, aquellos que lo describan mejor. Esfuércese en que estén todos.

Tras ello convendría que buscara variantes y subclases dentro de las categoría principales. Cuantas más clases y subclases identifique mejor, pues generará un conjunto de entrenamiento mayor y más completo. También es conveniente que todos los casos estén representados en la misma proporción si es que queremos que los aprenda todos por igual.

En muchas ocasiones, como en el reconocimiento de caracteres, existe un número de clases claramente identificable. Usted puede pensar que bastará con presentarle a la red un ejemplo por cada clase. Si lo hace así probablemente tendrá problemas, pues lo más habitual es que las entradas se presenten deformadas (una 'A' puede presentarse con distintos grosores y tamaños) o con ruidos (valores aleatorios que aparecen durante la captación de la entrada). Por tanto cuanto más nutrida sea la variedad de deformaciones y ruidos que usted incluya en el conjunto, mejor operará la red en la práctica.

¿Por qué? porque con esto se fuerza a la red a *generalizar*, evitando que simplemente aprenda unos cuantos patrones *de memoria*.

En algunas ocasiones se encontrará con que no tiene un control sobre si los ejemplos que usted ha elegido son representativos o no, debido a que no se conocen bien las características del problema. En tales ocasiones, trate de conseguir un conjunto de entrenamiento tan grande como le sea posible. Cuanto mayor sea más probabilidades habrá de que incluya todos los casos representativos. Además si sospecha que los datos a la entrada son muy ruidosos también le beneficiará un conjunto lo más grande posible, para que la red no se aprenda los ruidos.

En la capacidad de generalizar el problema no sólo influye el contenido del conjunto, sino también su tamaño. Por ejemplo suponga un conjunto de entrenamiento pequeño y una red muy grande. La red tendrá un entrenamiento muy rápido.

Y observaremos que funciona perfectamente, hasta que la probemos con casos nuevos, diferentes a los que aprendió. Observaremos entonces que los errores son demasiado grandes para ser aceptables.

¿Qué ha ocurrido? De nuevo ha fallado la capacidad de generalizar. Lo que pasa es que la red tiene tanta capacidad, que logra aprender todos los ejemplos *de memoria*, sin tener la necesidad de recurrir a interpolaciones o generalizaciones. En otras palabras existe una relación directa entre tamaño de la red (más concretamente número de neuronas ocultas) y tamaño del conjunto de aprendizaje.

El mayor problema que tenemos, es que a priori resulta muy difícil saber cuantos ejemplos son necesarios, de ahí que muchas veces se recurra al ensayo y error. La idea está en partir de un algoritmo relativamente pequeño y entrenar con él a la red. Comprobar su funcionamiento con el algoritmo de validación.

Si el error obtenido es grande significa que la red no ha adquirido capacidad de generalizar. Debemos aumentar el conjunto de entrenamiento, añadiéndole nuevos ejemplos (por ejemplo los de validación) y entrenar de nuevo. Repetir hasta que los niveles de error en la validación sean aceptables.

Este algoritmo está bien, pero supone partir de que la red es capaz de aprender el problema. Así pues no contempla que al aumentar el conjunto de entrenamiento, la red sea incapaz de aprenderlo. Esto ocurre cuando hemos rebasado la capacidad de aprendizaje de la red. Es decir quizás le estamos pidiendo que generalice algo sin tener la suficiente capacidad para ello. La única solución es aumentar el número de neuronas ocultas.

Se hace necesario un algoritmo que combine el crecimiento de la red con el crecimiento del conjunto de entrenamiento y validación. A continuación se muestra uno de los más conocidos:

Inicio:

    1.- Inicializar con pocas neuronas ocultas (1 ó 2).

    2.- Inicializar los pesos aleatoriamente o con annealing.

3.- <u>Entrenar la red</u>.

4.- <u>Si</u> entrenamiento no está por debajo del error máximo impuesto

<u>Entonces</u>:

Añadir una neurona oculta => (*)determinar la capa.

Inicializar los pesos aleatoriamente.

Ir a 3.

<u>Fin Si</u>.

5.- <u>Si</u> el entrenamiento fue un éxito

<u>Entonces</u>:

Ejecutar la validación.

<u>Si</u> el error de validación es mayor que el mínimo fijado

<u>Entonces</u>:

Añadir conjunto de validación al de entrenamiento.

(**)Generar un nuevo conjunto de validación.

Ir a 3.

<u>Fin Si</u>.

<u>Si</u> validación finalizada con éxito

<u>Entonces</u>:

(***)Fin del bucle. Red óptima.

<u>**Fin Si**</u>

<u>**Fin**</u>:

(*) <u>Añadir una neurona oculta</u>: ¿en qué capa?. Para responder a la pregunta debemos seguir el algoritmo del apartado de la sección 2: Añadir neuronas en la primera capa oculta hasta que el error de validación crezca (en general al añadir neuronas deberían descender tanto el error de entrenamiento como el de validación). Una vez ha aumentado, continuamos añadiendo neuronas en la segunda capa oculta. El error tanto de entrenamiento como de validación seguirán descendiendo. Cuando vuelva a crecer el de validación, queda claro que no debe añadirse ninguna neurona más, pues hemos llegado al límite del modelo para aprender el problema con el conjunto de entrenamiento usado.

(**) <u>Generar un nuevo conjunto de validación</u>: Debemos seguir las dos reglas ya expuestas, ejemplos no necesariamente representativos (aunque tampoco demasiado desviados) y que no tengan elementos comunes con el conjunto de entrenamiento.

(***) <u>Final del entrenamiento</u>: Puede terminar aquí su trabajo con la red, pero si quiere y tiene la oportunidad de recoger más ejemplos, sería muy recomendable que buscara algunos más para realizar una validación final. Si lo prefiere puede hacerla a mano, caso a caso. Este examen final no es absolutamente necesario, pero es seguro que se sentirá más tranquilo si ve funcionar a la red en todos los casos.

Este algoritmo sigue teniendo un cabo suelto. ¿Con qué tamaño de conjunto de entrenamiento se debe empezar?.

Podemos recurrir a unas fórmulas que intentan aproximar estos tamaños, y hasta cierto punto pueden reducir el número de pasos a dar en el anterior algoritmo. Veamos, si tenemos una red MFN con una sola capa oculta con m_1 neuronas, y otras n en la capa de entrada:

base= (n+1) · m_1

Si tenemos una segunda capa oculta con m_2 neuronas:

base= (n+1) · m_1 + (m_1+1) · m_2

El valor de base multiplicado por dos nos da un tamaño mínimo necesario para el conjunto de aprendizaje. Y si multiplicamos a base por cuatro el resultado será un tamaño seguro, que nos garantiza un buen aprendizaje.

El problema de tanta seguridad es que el número de ejemplos es muchas veces enorme, e incluso mayor del necesario. Además también existe una dependencia de las características del problema (casos significativos). Si no quiere pasarse días recogiendo ejemplos, puede partir de base o 2*base y luego ir aproximando el tamaño exacto con el algoritmo anterior.

En algunas ocasiones el algoritmo presentado en esta sección no es aplicable porque no tenemos los ejemplos suficientes como para generar tantos conjuntos. En cualquier caso debe tener claro siempre cómo se comporta la red durante el entrenamiento:

1.- Si el error de entrenamiento no desciende entonces es porque la red no tiene la capacidad de aprender lo que le hemos pedido. Cuidado con esto, cuando decimos que no desciende nos referimos a que después de muchas iteraciones, tras aplicar annealings y demás, paramos de buscar por considerar inabordable en tiempo de espera.

2.- <u>Si</u> el entrenamiento converge, pero el error de validación está por encima del límite establecido <u>entonces</u> concluimos que la red ha sido incapaz de generalizar. Esto puede producirse por dos razones:

(a) Por que el conjunto de entrenamiento esté mal diseñado: no contiene los casos significativos necesarios o posee ruidos demasiado bruscos como para que la red pueda anularlos (si los ruidos son muchos y muy persistentes, la red puede terminar aprendiéndolos, si sospecha que su conjunto contiene muchos errores de muestreo, procure que el conjunto sea lo mayor posible).

(b) Por que el conjunto tiene pocos ejemplos respecto a las capacidades de la red: si la red tiene la suficiente memoria como para almacenar todos los ejemplos, no necesitará interpolar. Se soluciona añadiendo más ejemplos.

(c) También puede ocurrir que los conjuntos de entrenamiento o validación tengan ejemplos erróneos. Este tema se trata en la sección 3.2.

Los dos primeros problemas se solucionan añadiendo más ejemplos al conjunto. Como puede ver siempre algún contratiempo se aumenta el tamaño del conjunto de entrenamiento. Este crecerá indefinidamente según vaya siendo necesario.

Ahora probablemente se esté preguntado si existe algún límite superior en cuanto su tamaño. La verdad es que no. Cuanto mayor sea el conjunto de entrenamiento <u>siempre</u> será mejor la red resultante. Pero en práctica sí que existe un límite: su ordenador quizás no pueda tratar con conjuntos demasiado amplios o el entrenamiento puede ralentizarse demasiado.

Por otro lado debe considerar el tiempo que nos lleva reunir todos los ejemplos necesarios. Tenga en cuenta que puede pasarse muchas horas creando el conjunto de entrenamiento, introduciendo caso tras caso en un fichero.

Este proceso no sólo es tedioso y difícil (recuerde que debe escoger bien los ejemplos para que sean significativos), sino que es muy probable que usted cometa errores.

9.3.2 Errores en los conjuntos.

Imagínese a usted mismo frente al ordenador introduciendo los ejemplos para entrenar a un reconocedor de caracteres. A la entrada tiene una matriz en la que se dibuja una letra y a la salida una variable nominal que identifica el tipo de carácter. Debe introducir mil ejemplos para los 50 símbolos a diferenciar.

Es muy probable le lleve un par de horas. Durante ese tiempo es casi seguro que usted cometerá más de un error, como por ejemplo que introduzca el dibujo de una B y que indique en la variable nominal que es una O.

Al fin y al cabo un despiste lo tiene cualquiera. La cuestión es que en principio usted no se da cuenta y pone su red a entrenar. Puede que se encuentre con dos situaciones: que la red no asimile el error y el entrenamiento nunca converja, o que consiga aprenderlo a pesar de todo. En el primer caso usted probablemente piense que lo que su red necesita es más capacidad, más neuronas ocultas.

Pero eso no le ayudará, salvo que la red con las nuevas neuronas consiga aprenderse el patrón erróneo de memoria, sin generalizarlo. En cualquier el error afectará al funcionamiento general de la red. Es decir influye en la capacidad de generalizar otros ejemplos aunque no estén directamente relacionados con el error.

La única forma de detectar un error en el conjunto de entrenamiento es repasándolo caso a caso, pero esto es muy tedioso. Una alternativa podría ser validar la red con el mismo conjunto de entrenamiento y observar el error producido para cada ejemplo.

Debemos buscar qué casos tienen un mayor error en la salida, que constituirán un conjunto de sospechosos. En cualquier caso no es más que una pista, pues en ese conjunto pueden estar ejemplos mal aprendidos, no por que contengan intrínsecamente un error que desoriente a la red, sino porque simplemente no ha sido bien entrenada.

Como conclusión quédese con esto:

Si el algoritmo del punto 3.1 falla, porque no conseguimos reducir el error de entrenamiento al añadir más neuronas o porque no se reduce el error de validación al añadir más ejemplos de entrenamiento, lo más probable es que sus conjuntos de validación o aprendizaje tengan errores. Puede revisarlos caso a caso o sólo aquellos que presenten un mayor error de ejecución.

Después de tantas advertencias puede que esté un poco asustado. Parece que todo juega en su contra como diseñador, y un error en los conjuntos puede terminar por poner todo su trabajo en jaque. Lo mejor que puede hacer es automatizar el proceso de adquisición de ejemplos todo lo que sea posible.

Por ejemplo, si piensa aproximar una función cree un programa que en un intervalo determinado le genere los puntos necesarios. El simulador del proyecto está abierto a esta posibilidad.

Como ya he comentado el generador de conjuntos es visual, lo cual facilita su uso y por tanto reduce los errores, pero no automatiza en absoluto la adquisición de datos. Esto se debe a que tal automatización es extremadamente dependiente del problema. La solución debe aportarla el usuario. Así pues, debe crear un programa en el lenguaje que quiera, pero que deje la información en un fichero.

La cuestión es con qué formato. El que entiende el simulador es sencillo: para cada neurona de entrada graba un valor real de 8 bytes (un *double* en ANSI C y C++). Lo mismo para cada neurona de salida. El algoritmo de su programa podría ser algo como esto:

Inicio:

    Inicializar el fichero.

    Inicializar generacion de ejemplos.

    Para cada i= 1 .. k **ejemplos Hacer**

        Generar la entrada del ejemplo i-ésimo (array de m doubles)

        Grabar la entrada (array de m doubles de memoria a disco)

        Generar la salida del ejemplo i-ésimo (array de n doubles)

Grabar la salida (array de n doubles de memoria a disco)

Fin Para.

Fin.

Así pues obtenemos que para cada ejemplo tenemos m*8 bytes que representan la entrada, y a continuación n*8 bytes que representan la salida deseada para dicho ejemplo.

Como ejercicio puede hacer unos número para determinar el tamaño de fichero de un conjunto según el número de neuronas. Ejemplo: m= 100x100= 10.000, n= 30, k= 30·100= 3.000, tamaño de cada ejemplo= 10.030·8= 80.240 bytes. Tamaño fichero= 229.56 Mbytes. Como puede ver no es mala idea hacer unos cálculos antes de implementar un diseño para ver si nuestra máquina puede con él.

Hasta ahora hemos visto errores a causa de introducir valores incorrectos en los conjuntos. Sin embargo existe otro tipo de errores aún peores y mucho más difíciles de detectar. Suponga que le pagamos a un empleado por construirnos unos conjuntos de entrenamiento y validación para una red que debe distinguir entre caracteres escritos. Entrenamos y validamos la red y no aparece ningún problema.

Sin embargo cuando la ponemos a trabajar con casos reales el porcentaje de error es mucho más alto de lo que nos dieron las pruebas.

¿Qué ocurre? Lo lógico es pensar que el conjunto de validación y el de entrenamiento están mal. ¿Podemos tener tan mala suerte o es el empleado un desastre?.

Revisamos los conjuntos y no encontramos errores en los valores, ni tampoco que falten casos representativos. ¿Qué está ocurriendo?. La explicación al misterio es que nuestro empleado ha creado los ejemplos con un estilo concreto.

Este estilo se refleja tanto en el conjunto de entrenamiento como en el de validación, pero cuando otra persona prueba la red impone su propio estilo a los ejemplos presentados. En otras palabras la red se ha quedado con la forma de escribir del empleado pero no sabe nada de como lo hacen los demás.

Por ejemplo una "a" puede ser sólo ligeramente diferente de una persona a otra, pero cada una la traza siempre igual. La solución está en intentar que reunir ejemplos creados por varias personas.

No todos los problemas presentan la posibilidad de que las costumbres del entrenador se reflejen en el aprendizaje. Por ejemplo en la aproximación de funciones. En otros pueden ser los elementos del entorno los que influyan negativamente.

Supongamos que entrenamos una red usando varios aparatos de medida, y que luego al llevarla a su puesto de trabajo tendrá otros diferentes. Si alguno de ellos no es lo suficientemente fiable e introduce errores en sus medidas siempre de la misma forma, el rendimiento de la red puede verse afectado.

9.3.3 Casos en límite de las clases.

Siguiendo con el conjunto de aprendizaje hay un detalle que merece ser tratado a parte. Suponga que implementa un reconocedor de caracteres alfabéticos. Entre otros la red debe ser capaz de distinguir entre una P y una O. Si ambos caracteres fueran perfectos no habría problema, pero pueden presentarse deformados.

Por ejemplo, el redondel de la P podría alargarse y el palo inferior acortarse, reduciéndose las diferencias entre la P y la O. La cuestión es que cuando son tan parecidos la red puede tener problemas para distinguir un carácter del otro. Esto se debe a que están muy cercanos entre si. Durante el entrenamiento de la red debemos hacer especial hincapié en esto casos. Por tanto es lógico que muchos de los ejemplos del conjunto de entrenamiento se dediquen a lograr que la red determine claramente cuáles son los límites de deformación para cada caso.

Puede plantearse el problema de esta forma: para cada clase se incluyen los casos principales, y luego todas las desviaciones limitadoras de esa clase (acotación por ejemplos).

A priori resulta casi imposible saber en qué casos aparecerán las dificultades. Así que en un principio puede diseñar y entrenar la red sin preocuparse de los límites de cada clase. Luego cuando la pruebe verá donde aparecen los problemas. Entonces añada los ejemplos que considere oportunos y reentrene.

Existen otras formas de tratar este problema de una forma ligeramente diferente. Por ejemplo, entrenar a la red con un conjunto inicial, construido sin preocuparnos de los límites de las clases, pero incluyendo el mayor número de ejemplos que sea posible. Tras el entrenamiento podemos determinar cuáles producen un mayor error de ejecución. Estos serán casos que la red no consigue distinguir bien respecto a otros. Con ellos se forma un nuevo conjunto de entrenamiento.

Y la red vuelve a ser entrenada. Así sucesivamente, hasta que no haya casos especialmente conflictivos. Con un método como éste no sólo se puede mejorar la eficiencia de la red resultante, sino que también se reduce el tiempo de aprendizaje.

Para más información sobre el tema consulte los trabajos de Strand y Jones (1992) y Davis y Hwang (1992).

En cuanto al simulador del proyecto decir que se limita a ejecutar el algoritmo de aprendizaje estándar, dejando bajo la responsabilidad del usuario el tema de determinar qué casos son más difíciles de aprender o cuáles son los límites de cada clase.

9.3.4 El conjunto de validación.

El conjunto de validación puede recoger todo tipo de ejemplos. Debe cumplir la condición indispensable de no tener elementos comunes con el conjunto de entrenamiento. De nuevo surgen dos cuestiones: ¿Qué tamaño debe tener? ¿Cómo deben ser su contenido?.

El tamaño no influye decisivamente en la calidad de la validación, aunque cuantos más casos se prueben tanto mejor. Dado que la validación es una cuestión de seguridad, debe ser usted mismo el que decida si merece gastar un tiempo extra en recoger más ejemplos, para estar completamente seguro de que su red funciona. Es una cuestión de conciencia.

Respecto a <u>cómo deben ser los ejemplos</u>, subrayar que nos conviene la variedad. Debe haber una representación de lo casos principales, pero también deberían incluirse situaciones menos frecuentes, deformaciones y ruidos.

Procure estar siempre en el centro de estos dos extremos: recoger ejemplos muy similares a los del conjunto de entrenamiento y tomar ejemplos muy raros, casi imposibles, que llevan a la red a sus extremos.

Si tiene curiosidad por saber cómo opera su red en casos muy raros, que no se vayan a presentar nunca o con muy poca frecuencia, o situaciones con tanto ruido que hasta una persona tendría problemas, entonces pruébelos aparte, pero nunca los incluya en el conjunto de validación (y mucho menos en el de entrenamiento).

9.4 El entrenamiento y la validación.

En la sección 3, ya hablamos mucho sobre cómo debería ser el proceso de entrenamiento y validación, incluso se dio un algoritmo a seguir. En la presente sección no se repetirán dichos temas, sino que se presentará un caso práctico que suele inducir a error a los principiantes.

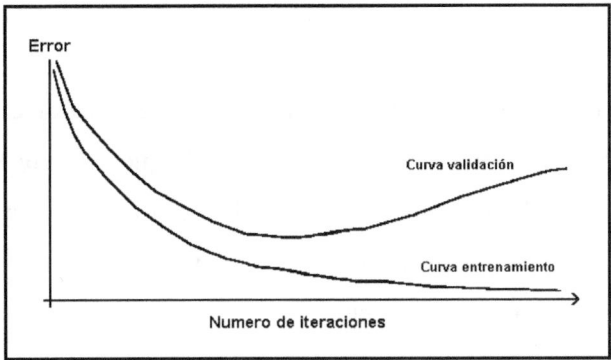

Suponga que usted crea una red neuronal con el simulador del proyecto. Con él puede generar gráficas de entrenamiento y validación. La cuestión es que entrenamos nuestra red (sin la opción de annealing) y obtenemos una gráfica como la que se observa en la ilustración de esta hoja. Como puede observar el error de entrenamiento es siempre menor que el de validación, pero existe una iteración a partir de la cual el error de validación tiende a crecer en lugar de disminuir paralelo al de entrenamiento.

Un diseñador inexperto puede pensar que lo mejor sería cortar el proceso de aprendizaje cuando el error de validación empieza a crecer. Esto es poco menos que una barbaridad, pero desgraciadamente muy frecuente. Un diseñador un poco más inteligente pensaría que cortar el entrenamiento cuando la validación empeora no tiene sentido, porque al avanzar en las siguientes la situación puede mejorar. Usted que ya ha leído la sección anterior debería estar de acuerdo con el segundo diseñador, pero también podría aportar una solución al problema:

¿Por qué crece el error de validación? Porque la red pierde capacidad de generalizar. ¿A qué se debe tal pérdida? Ha que existe un número relativamente elevado de neuronas ocultas o a que el conjunto de entrenamiento es pequeño. Si ha seguido el algoritmo de la sección 3, quédese con la segunda opción.

Espero que tras este pequeño ejercicio le hayan quedado claros todos los conceptos.

9.5 Interpretación de la red.

A estas alturas se supone que usted ya tiene su red entrenada y validada. Enhorabuena. Pero quizás se pregunte cómo hace lo que hace. Es decir puede estar interesado en saber cómo trabaja su red.

Conocer su dinámica le ayudará a conocer cuáles son sus puntos débiles, y llegado el caso puede permitirle realizar ajustes finos en los pesos para mejorar su comportamiento. En definitiva en esta sección trataremos de entender a la red, o lo que es lo mismo trataremos de saber:

- Qué parámetros son los importantes a la entrada

- Cómo se codifica la información en los pesos

Un ejemplo de cómo podemos refinar el diseño de una red mediante el estudio de su funcionamiento puede ser el siguiente: damos como entradas a una red la altura, peso y longitud de la pierna.

Tratamos que nos diga si la persona a la que pertenecen estos datos está gorda o delgada. Tras un estudio observaremos que la entrada longitud de pierna o altura sobran pues repiten información (salvo personas con malformaciones la longitud de pierna es proporcional a la altura).

Toda la información de la red está codificada en los pesos, pero no de forma evidente. Es tentador pensar que un peso cercano a cero en la capa de entrada, significa que dicha entrada tiene poca importancia. Sin embargo esa entrada y su bajo peso pueden ser sometidos posteriormente, en otra capa, a un peso alto, amplificándose así sus efectos. Con los pesos altos puede llegarse a una conclusión similar.

Considere ahora cómo al iniciar aleatoriamente los pesos le damos más importancia a unos parámetros que a otros. Si el entrenamiento es largo este efecto se reduce e incluso se elimina, pero si practicamos entrenamientos de corta duración entonces podemos hallar una solución que preste atención a parámetros poco importantes. Por tanto se deduce la necesidad de un número mínimo de iteraciones.

Estos efectos adquieren especial relieve en el procesamiento de imágenes. Suponga que pretendemos diferenciar una X de un cuadrado. Si sabemos que la entrada no puede tener ruidos, ni puede presentarse deformada, podemos pensar que tenemos suerte y que nos basta con un conjunto de entrenamiento de dos ejemplos.

Tanto optimismo no es bueno. El entrenamiento será corto, demasiado pues los efectos de la inicialización aleatoria no llegan a desaparecer. El problema se soluciona añadiendo nuevos ejemplos al conjunto de entrenamiento con Xs y cuadros deformados.

A la hora de intentar interpretar los pesos existe un problema fundamental, su representación gráfica. No cabe duda que una imagen vale más que mil palabras y en el caso de los pesos es más cierto que nunca. Intentar interpretar una lista de números es imposible a no ser para redes pequeñísimas.

Las soluciones gráficas pueden solucionarnos un poco el problema, pero en general cuando la red es mediana o grande, la interpretación se hace imposible.

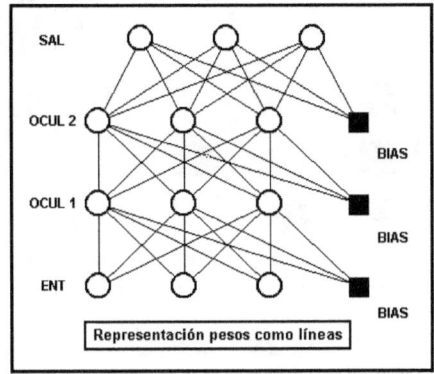

El método de representación más extendido entre los simuladores (y que incluye la implementación de este proyecto), es el de representar a cada peso como una línea con un color según su valor. Las líneas van de unos PEs a otros. Este esquema no es muy útil de cara a la interpretación, pero proporciona una visión cercana a la realidad de cómo son las y por tanto es muy útil para los principiantes.

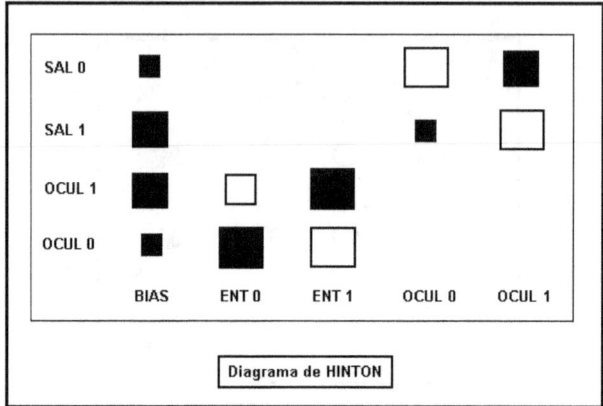

Por otro lado está el método Hinton. A diferencia del anterior es menos claro para los novatos, aunque algo más representativo. De todas formas sólo se puede aplicar a redes preferiblemente pequeñas. Hinton representa los pesos con cuadros.

Existen dos variantes, la de color y la de blanco y negro. En la de color como es lógico se emplean distintos colores para indicar los diferentes valores. En la versión en blanco y negro ésto se hace variando el tamaño de los cuadros. Si el peso tiene valor negativo el cuadro está relleno, pero si es positivo se deja hueco.

Lo normal en un diagrama de Hinton es que se presenten toda la información de la red en una sola matriz de doble entrada. Cada elemento de la matriz es un peso que une a la neurona de la columna (origen) con la neurona de la fila (destino).

Existen varias técnicas para intentar alcanzar una interpretación aproximada del significado de los parámetros y los pesos. A continuación veremos los dos métodos más conocidos:

9.5.1 Análisis sensitivo:

Para saber qué parámetros son importantes:

    1.- Entrenar la red.

    2.- Comprobar el error de validación.

    3.- Volver a comprobar con el mismo conjunto de validación, pero ahora con uno de los parámetros fijado a un valor constante. Normalmente se da un valor medio entre los dos extremos del rango de la neurona (-1, 1) o (0, 1). Observar como varía el error.

NOTA: El error estudiado no debería ser ni el RMS ni ninguna otra media si no una medida en bruto neurona a neurona.

En teoría si la medida del error no varía del paso 2 al 3, entonces podemos concluir que la red no presta atención al parámetro que hemos mantenido constante. Podemos probar a eliminarlo a ver que pasa. Desgraciadamente, en la práctica, hasta el más insignificante provoca variaciones en el error de salida. En cualquier caso podemos considerar que el que produzca menos variación será el menos significativo.

9.5.2 Variación de las entradas.

Este método consiste en dada una entrada variar ligeramente sus valores (hacerlo neurona a neurona, siguiendo un orden) y observar cómo varía el error de salida. No es mala idea observar el comportamiento de las neuronas ocultas.

10 Las redes kohonen

Las redes de Kohonen (su se lo deben a su descubridor) son un modelo de red neuronal Feedforward un tanto especial, ya que pertenece al conjunto de redes con aprendizaje no supervisado.

Es decir no necesitan un profesor omnipresente que les diga qué deben aprender. En el modelo MFN cuando construíamos un conjunto de entrenamiento para cada ejemplo teníamos que indicar una entrada y su correspondiente salida. En el aprendizaje no supervisado sólo es necesaria la entrada y dejamos que la red se autoorganice y descubra cuál es la salida más apropiada. Fíjese en que esto tiene dos consecuencias inmediatas:

1.- <u>La validación deja de tener sentido</u>: La validación en esencia era un proceso que nos permitía comprobar si la red funcionaba de acuerdo a los criterios que le habíamos impuesto. Ahora como ya no hay ninguna imposición no podemos comprobar nada. Pero entonces ¿cómo sabemos si la red funciona?. Para responder a esta pregunta debemos revisar nuestro concepto de lo que es funcionar correctamente. Una red de aprendizaje no supervisado se autoorganiza y trabaja de acuerdo a sus propios criterios, que no tienen por qué ser los nuestros. En otras palabras no podemos sentarnos a esperar que la red alcance un comportamiento determinado.

2.- <u>No existen errores en el entrenamiento</u>: No existen al menos con el significado que tenían en las redes supervisadas. Si usted entrena una red de Kohonen en el simulador del proyecto puede elegir una representación gráfica para el error de entrenamiento. Observará que no se comporta de la misma forma que lo hacía con los MFN. No se sorprenda, lo que ocurre es que el error de entrenamiento en los modelos no supervisados no puede ser el RMS, sino una medida de la corrección aplicada sobre los pesos.

Si se para un momento a pensar verá que la utilidad de los modelos no supervisados es limitada. Si no podemos imponer a la red el comportamiento deseado, entonces lo más probable es que no resuelva el problema como queremos.

Su utilidad se pone de manifiesto cuando nos enfrentamos a un problema poco conocido y queremos dejar que la red encuentre, por si sola, las relaciones entre las entradas. Además en el modelo de Kohonen los pesos son más fáciles de interpretar que en las MFN.

Por otro lado muchos de los modelos no supervisados tienen un **interés biológico**. Para comprender esto piense en como nuestro cerebro aprende. Es cierto que algunos problemas necesitan de un profesor que nos enseñe, pero otros como la visión o el habla, se producen casi espontáneamente, por la mera autoorganización del cerebro.

10.1 Generalidades.

El modelo de Kohonen es esencialmente una red Feedforeard de dos capas, una de entrada y otra de salida, sin neuronas ocultas. Las entradas requieren una normalización especial. Esto ha llevado a que algunos autores consideren que son redes de tres capas (la tercera sería la encargada de la normalización previa), sin embargo la visión más extendida es tratar a la normalización como una mera operación matemática que no merece la calificación de capa.

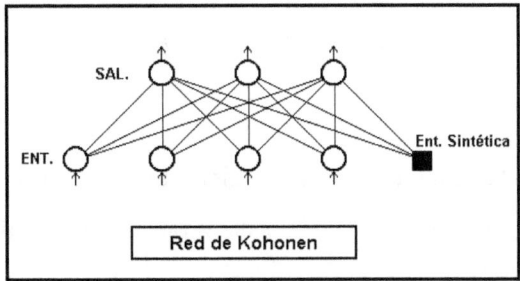

Existen varios tipos de normalización. Algunos producen una entrada adicional a la que denominaremos **sintética**. Por guardar una similitud con los MFN podemos verla como una entrada, Bias pero que en lugar de permanecer constante varía su valor según la entrada. Por tanto si tenemos n neuronas para las variables de entrada debemos contar con una neurona extra, obteniendo n+1 entradas.

A partir de ahora, incluso cuando el algoritmo de normalización no necesite una entrada extra, nos referiremos a su número como n+1. En tales casos se entiende que la entrada sintética es igual a cero.

Las neuronas de salida operan de una forma muy sencilla:

$$sal_j = SUM\ (\ i= 0..n,\ x_i \cdot w_i\ ) + s \cdot w_n$$

donde sal_j representa el valor de activación de la salida j-ésima, x_i es el valor de la i-ésima neurona de entrada y w_i su peso con respecto a la neurona de salida j, s representa a la entrada sintética y w_n a su peso. Observe que al valor de la suma de las entradas ponderadas por sus pesos, no pasa a través de una función de activación (en realidad si: f(x)= x).

Las redes de Kohonen se usan casi siempre como clasificadores (se entiende que sus neuronas de salida pertenecen a una variable nominal y cada una de ellas representa una clase o categoría).

El funcionamiento de este modelo una vez se han ajustado los pesos durante el entrenamiento, es el siguiente:

1.- Obtener la entrada y colocarla en sus neuronas.

2.- Normalizar la entrada y generar si es necesario un valor sintético.

3.- Hallar los valores de salida según la ecuación anterior.

4.- Comprobar qué neurona de salida tiene el mayor valor de activación. A esa se la declara la ganadora y su valor se satura a +1. El resto de las neuronas o clases han perdido y se saturan al mínimo valor de activación (-1).

Si reflexiona un poco sobre su modo de operación verá que las redes de Kohonen son en realidad un clasificador un tanto primitivo, ya que no tienen neuronas ocultas y su respuesta es estrictamente lineal. Su potencia descansa en la fuerza bruta. Así la mayor parte de los diseños basados en este modelo poseen un alto número de neuronas, y cada una se centra en un único patrón. Su ventaja es que tienen una velocidad de ejecución y de entrenamiento bastante rápidas.

10.2 Normalización de la entrada.

Uno de los más serios impedimentos a la popularización de las redes neuronales de Kohonen es que sus entradas están sometidas a serias restricciones. En teoría cada neurona de entrada puede tomar cualquier valor en el rango de activación (-1, 1), pero en la práctica deben ser normalizadas. Esto implica que todos los vectores de entrada tengan longitud uno.

El primer paso en la normalización es asegurarse que todas las variables de entrada están el intervalo (-1, 1). De no ser así se impone una transformación previa, es decir habrá que hacer una conversión de rangos. Para ello puede emplear las ecuaciones dadas para transformar una variable real de un rango a otro. Dichas ecuaciones fueron presentadas en el capítulo anterior.

Tras esto, llegamos a la normalización. Existen dos métodos:

1.- Si hallamos la longitud del vector y luego dividimos a cada componente entre dicha longitud, el resultado será una entrada normalizada (longitud = 1):

$l = (SUM(i= 0..n-1, x_i^2))^{1/2}$

$x_i' = x_i / l \quad$ para $i= 0..n-1$

donde l es la longitud del vector de entradas, x_i es la entrada antes de ser normalizada y x_i' es esa misma entrada pero tras ser normalizada. Este método es muy usado dada su sencillez conceptual, pero tiene graves inconvenientes. El más importante es que pierde información respecto a las magnitudes absolutas de las entradas, conservando sólo información relativa. Por ejemplo sean los vectores (-2, 1, 3) y (-10, 5, 15). Ambos, tras ser normalizados, estarán representados por el mismo vector. Esto a veces no es problema, y entonces podemos usar este método tranquilos, sin embargo en muchas ocasiones necesitaremos algo más efectivo.

2.- <u>Normalización del eje Z</u>: Este método se basa en crear una nueva dimensión en la información (eje Z, de ahí su nombre). Esta constituye la entrada sintética. Dicha entrada se elige tal que la longitud de todo el vector sea 1. Las ecuaciones son:

l= (SUM(i= 0..n-1, x_i^2) $)^{1/2}$

f= $1/n^{1/2}$

x_i'= f · x_i para i= 0..n-1

s= f · $(n - l^2)^{1/2}$

donde l es la longitud del vector de entradas, x_i es la entrada antes de ser normalizada y x_i' es esa misma entrada pero tras ser normalizada y s es la entrada sintética. Como puede observar en estas ecuaciones el factor de escala aplicado no depende de la entrada, es constante. Por tanto conseguimos resolver el problema del método anterior. Esta característica unida a su simplicidad ha hecho que esta solución sea la más usada.

Tenga en cuenta que existe un precio a pagar al usar el método de normalización del eje Z. Si hay muchos valores cercanos a 0 al mismo tiempo, el componente sintético será dominante. La estabilidad numérica será menor y la convergencia del algoritmo de aprendizaje puede verse cuestionada. Sin embargo raras veces supone un problema. En cualquier caso el método proporciona más ventajas que inconvenientes.

El código para implementar los métodos anteriores lo encontrará en el código fuente. Concretamente estudie la clase Tkohonen.

10.3 Entrenamiento.

Las redes de Kohonen difieren mucho del resto de los modelos debido a su esquema de aprendizaje. Emplean un sistema denominado **aprendizaje competitivo**. Para cada ejemplo del conjunto de entrenamiento, las neuronas de salida compiten entre sí intentando ser las ganadoras. Sólo una puede lograrlo y tendrá el privilegio de ajustar sus pesos.

La forma de la competición es muy simple. Cada PE de salida está conectado a la entrada normalizada por n+1 pesos. El vector de pesos de cada una de estas neuronas también debe estar normalizado (longitud = 1) en todo momento. Se multiplica la entrada por los pesos y se almacena el resultado como el valor de activación del PE de salida.

Este proceso se repite para todas. Al final se elige la que tenga mayor valor valor de activación. Sus pesos serán actualizados de tal manera que la próxima vez que se le presente esa misma entrada reaccionará con más fuerza, ganando por mayor margen. De esta forma se van ajustando todos pesos para todos los ejemplos, y si todo va bien terminarán por converger a un punto de estabilidad.

Una vez alcanzado ese punto continuar el entrenamiento no varía significativamente los pesos de la red, así que finalizamos el proceso. Ahora está lista para enfrentarse a casos desconocidos.

10.4 Actualización de pesos.

Existen dos métodos distintos para implementar el aprendizaje de la red mediante la variación de los pesos:

10.4.1 El método aditivo.

Método propuesto por Kohonen en 1982, en el que una fracción del vector de entrada es añadida al vector de pesos. Tras esta suma es necesario normalizarlos. Con ésto estamos *empujando* al vector de pesos en la dirección del vector de entrada. Las ecuaciones para la operación son:

$$w^{t+1} = (w^t + a \cdot x) \ / \ || w^t + a \cdot x ||$$

donde x es el vector de entradas presentado a la red, y w^t es el vector de salidas en el instante t. Las dos barras verticales en el denominador de la división indican que se está hallando la longitud del vector (generalmente la longitud Euclídea). La constante *a* se denomina **tasa de aprendizaje**. Tras aplicar esta fórmula normalizamos los pesos, usando las mismas ecuaciones que para las entradas.

Por lo general este método trabaja bastante bien, sin embargo en algunos casos puede resultar un tanto inestable.

10.4.2   Método substractivo.

Este algoritmo también intenta empujar al vector de pesos hacia el vector de entradas, y considera que la forma de hacerlo es mediante la substracción de ambos, hallando la diferencia de error entre ellos. Una fracción de esta diferencia se añade al vector de pesos. Las ecuaciones son:

$$e = x - w^t$$

$$w^{t+1} = w^t + a \cdot e$$

donde x es el vector de entradas presentado a la red, y w^t es el vector de salidas en el instante t.

Muchos tradicionalistas modifican los pesos tras presentar cada ejemplo. Sin embargo ésta no es la mejor solución, siendo preferible acumular en un vector auxiliar las modificaciones a lo largo del conjunto de entrenamiento.

Tras presentar todos los casos de un epoch, se hacen efectivos los cambios. De esta forma aunque necesitamos más memoria aceleramos la convergencia al reducir los saltos y mejoramos la estabilidad.

Podemos pensar que debemos realizar normalizaciones en cada iteración del proceso de aprendizaje. Sin embargo esto no es muy recomendable.

Para empezar no es necesario, ya que mientras las entradas estén normalizadas, las modificaciones de los pesos también estarán prácticamente normalizadas. En segundo lugar renormalizar en cada iteración puede hacer más lento el aprendizaje.

Al finalizar el proceso de aprendizaje surge una duda: ¿debemos normalizar ahora los pesos? Piense que ello puede llevar a modificar el comportamiento de la red, pues al fin y al cabo estamos modificando los pesos.

Muchos investigadores prefieren dejarlos tal y como resultan del proceso de aprendizaje, pero esto repercute en una peor generalización de los casos no conocidos. Sin embargo la diferencia es tan pequeña y variable que resulta difícil llegar a una conclusión determinante.

10.5 La tasa de aprendizaje.

La constante a en las ecuaciones de aprendizaje dadas en la sección anterior se denominó tasa de aprendizaje. Su valor debería estar en el intervalo (0, 1) y como mucho ser 0.4.

Si esta tasa es muy grande nunca alcanzaremos la convergencia, y si es muy baja el proceso se ralentiza y tarda mucho en alcanzar una solución. En general se decrementa el valor de la tasa en cada iteración. Esto se logrará multiplicándola por un factor (cercano a 1). Así es como se obtienen los mejores resultados.

10.6 El error de la red.

No existe ningún método oficialmente reconocido para medir el error en redes de Kohonen. Esto en parte es debido al hecho de que se trata de un aprendizaje no supervisado. No existen por tanto respuestas acertadas ni erróneas. Por tanto el error RMS no puede aplicarse.

Recuerde que el objetivo final del entrenamiento es que el vector de pesos de cada nuerona represente, de algún modo, la tendencia de la entrada. De ahí que parezca lógico examinar los vectores de error entre los vectores de entrenamiento y sus vectores de pesos más cercanos. La longitud de esos vectores de error nos dirá algo sobre lo bien o mal que la red está trabajando. Un acercamiento muy habitual a la definición del error de una red de Kohonen es la longitud del vector de errores medios a lo largo de todo el conjunto de entrenamiento. Sin embargo hay una razón para considerar una alternativa al error medio.

Una buena medida de error debe indicar si el funcionamiento de la red puede ser mejorado. La medida propuesta anteriormente no nos vale pues no lo consigue. Puede ocurrir que la mayor parte de los casos del conjunto de entrenamiento difieran de los vectores de .pesos de sus neuronas más cercanas, en una cantidad moderada, lo cual nos conducirá a un error medio moderado. Por otro lado la gran mayoría puede estar muy cercana a los pesos de sus neuronas, mientras que unos pocos outliers sean presentados. Esto también nos conduce a un error medio moderado.

En el primer caso añadir más neuronas no es una buena idea. Pero en el segundo caso añadir una o más neuronas suele ser beneficioso. La medida de error medio no nos permite distinguir entre estas dos situaciones.

Podemos concluir que lo que debemos examinar, para obtener una buena medida del error es el mayor error obtenido a lo largo del conjunto de entrenamiento.

NOTA: Un error máximo muy alto indica la necesidad de añadir más neuronas.

10.7 Las neuronas perezosas.

Existen algunas neuronas que durante el proceso de aprendizaje nunca ganan y que por tanto no tienen los pesos ajustados. A esas neuronas las llamaremos perezosas.

Sin embargo cuando hemos diseñado una de red de Kohonen con m neuronas de salida es porque queremos que todas sean usadas. Entonces es lógico pensar que debemos buscar alguna forma de transferir parte de la carga de las ganadoras a las perezosas. Para lograr ésto existen muchos algoritmos, pero ninguno ha logrado la popularidad suficiente como para convertirse en un standard.

Una solución es la dada por Hetcht y Nielsen (1991). Según su método el algoritmo de entrenamiento guarda una cuenta de cuántas veces ha ganado cada neurona.

Aquellas que ganan más a menudo adquieren un *sentimiento de culpabilidad*, que se refleja en una penalización en sus valores de activación. Por su parte aquellas que nunca ganan van adquiriendo una ganancia en sus valores de activación.

El algoritmo usado por el simulador del proyecto es diferente. Encuentra a aquellas neuronas que tratan de representar a varios patrones al mismo tiempo y parte de su carga es transferida a las neuronas perezosas. Esto resulta muy útil, ya que consigue que cada una se encarguen de reconocer sólo una pequeña fracción de patrones.

Para ejecutar este algoritmo se necesitan tres pasos, en los que el objetivo es conseguir que una neurona perezosa aprenda un patrón. Durante el primer paso pasamos a través del conjunto de entrenamiento, y para cada ejemplo buscamos su ganadora.

Debemos llevar una variable que contenga el mínimo valor de activación de una neurona ganadora (almacenar también a qué PE pertenece ese valor y de qué ejemplo se trata). Esto nos permitirá localizar el caso peor representado en la red. Es razonable asumir que este patrón de entrenamiento merece una neurona para él solo, en lugar de compartirla con otros patrones diferentes.

El segundo paso del algoritmo consiste en presentar a la red el ejemplo hallado en el primer paso. Examinar ahora el valor de activación de todas las neuronas que están dentro del conjunto de las que no hayan ganado para ningún caso. De éstas, seleccione la que tenga un mayor valor de activación.

El tercer paso consiste en hacer que la neurona hallada en el punto anterior represente al patrón hallado en el primer paso. Para ello modificaremos los pesos.

Para más detalles sobre este algoritmo consulte el código fuente de Tkohonen.

10.8 Variaciones.

Existen muchas variantes del modelo básico que propuso Kohonen (1982), algunas de las cuales se expondrán brevemente a continuación. En general todas se refieren a modelos basados en la autoorganización y tienen un interés biológico al estar cercanas al modo de aprendizaje de los animales.

La autoorganización supone que el conocimiento se reparta por toda la red en lugar de concentrarse en neuronas concretas. Así si una neurona representa a un patrón, sus vecinos representarán patrones similares.

Esto se puede conseguir variando el esquema original de Kohonen y permitir que más de una neurona aprenda al mismo tiempo. Es decir para un ejemplo hallamos la ganadora y ajustamos sus pesos. A continuación procedemos del mismo modo con sus vecinas.

La implementación más sencilla usa una disposición de una dimensión, aglomerando a todas las neuronas a lo largo de una misma línea. La estructura más común es sin embargo la bidimensional. Las neuronas toman una disposición en una matriz rectangular, de esa forma la neurona ganadora tiene vecinos por todos lados.

Algunos algoritmos llevan la actualización de los pesos más allá de las neuronas inmediatas a la ganadora.

11 El modelo de red perceptron

El Perceptrón es un modelo de red neuronal que actualmente puede considerarse obsoleto, debido a la aparición de otros paradigmas más potentes como las MFN. Sin embargo posee una importancia histórica innegable (consulte el apéndice 1 para más detalles) y un algoritmo de aprendizaje muy rápido. Además ha sido muy estudiado. A destacar el libro de Minsky y Papert **"Perceptrons"**

El creador del Perceptrón fue Frank Rosenblat uno de los pioneros de las redes neuronales en los años sesenta. Con este modelo pretendía explicar el reconocimiento de patrones en los sistemas visuales de los seres vivos. A pesar de lo ambicioso de su empresa, Rosenblat propuso una solución muy simple, en la que la complejidad surge en las iteración entre múltiples elementos procesadores.

11.1 Generalidades.

Las redes pertenecientes a este modelo son feedforward (no presentan ninguna realimentación). Posee tres capas (existen multitud de variantes algunas con sólo dos capas, e incluso con realimentaciones). Es un modelo heteroasociativo, que recupera la información según un esquema nearest-neighbor (patrón más cercano). Su aprendizaje es off-line y opera en tiempo discreto. Su topología es similar a la de un MFN de tres capas, en el que cada PE de una capa se conecta con todos los de la anterior.

NOTA: La capa de entrada muchas veces se denomina retina, por establecer un símil biológico.

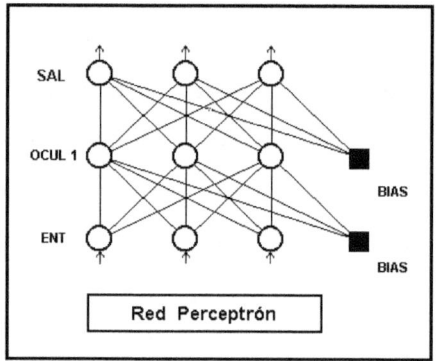

La primera capa recibe las entradas, es un mero buffer en donde se almacenan inicialmente, a la espera de ser procesadas por la red. En la segunda se encuentran los PEs encargados de encontrar las características específicas del patrón en la retina. La forma en que representan estas características es desconocida. Las conexiones de esta capa con la anterior siguen un esquema preconcebido, no estando sometidas a modificaciones por aprendizaje.

Es decir, estos pesos no se ajustan en ningún momento y deben ser determinados a mano por el diseñador, siguiendo los criterios que considere oportunos (conexiones hardwire). En esta capa a diferencia de la de entrada podemos usar una función de transferencia cualquiera. Procure no elegir la lineal, pues en ese caso la capa oculta se vuelve redundante y por tanto innecesaria. En la especificación original se utilizaba la función escalón.

Por último la capa de salida contiene los PEs reconocedores de patrones. La función de activación en esta capa debe ser siempre la escalón. Los pesos que unen a las neuronas ocultas con las de salida son variables durante el aprendizaje.

Este modelo al igual que el MFN presenta una entrada especial, común a todas las capas menos a la de salida, donde no aparece. Permanece siempre activada a valor 1. Dado su carácter constante en la práctica nunca tendremos que preocuparnos por ella.

11.2 Aprendizaje.

El algoritmo de aprendizaje original se describe según la siguiente lógica:

* Si la salida es correcta, dejar los pesos sin modificar

* Si la salida obtenida por una neurona es 0.0 pero la deseada es 1.0, entonces incrementar sus pesos.

* Si la salida obtenida es 1.0 y la deseada es 0.0, entonces decrementar los pesos.

Este proceso se repite para cada neurona, de la capa de salida, durante todo un epoch. Como siempre existen dos soluciones posibles: aplicar los cambios una vez calculados para cada ejemplo, o esperar al final del epoch.

La segunda opción suele ser la más razonable en otros modelos por acelerar el aprendizaje, a pesar de necesitar más memoria. Pero en el caso del Perceptrón la convergencia es tan rápida que nos basta con aplicar la primera solución y de paso ahorraremos algo de memoria.

Cuando describíamos la lógica del algoritmo hablábamos de incrementos y decrementos en los pesos, pero sin especificar nada más. Existen tres formas distintas de determinar estas variaciones:

1.- Usar un valor fijo.

2.- Emplear cantidad variable dependiendo del error (diferencia entre el valor deseado y la suma ponderada).

3.- Usar una combinación de los dos métodos anteriores, una constante y un valor proporcional al error.

En concreto el simulador del proyecto ha empleado la ecuación:

$$INC(w_{ij}) = c \cdot a_i \cdot d_j$$

donde INC representa el incremento que sufre el peso, ai es el valor de activación de la i-esima neurona oculta, c es una constante positiva en el intervalo (0, 1) que controla la velocidad de aprendizaje (cuanto más pequeña sea más suaves serán los incrementos de la ecuación anterior y viceversa) y conde dj es:

$$d_j = b_j^k - b_j$$

siendo d_j el error del j-ésimo PE de salida y b_j^k la salida deseada y b_j la salida obtenida. Estas ecuaciones se repiten para cada j= 1..p, siendo p el número de neuronas de salida. El proceso de entrenamiento se repite para los diferentes ejemplos del conjunto de aprendizaje, hasta que los incremento sean los suficientemente pequeños. En general se puede usar como criterio el error RMS.

11.3 La convergencia en el entrenamiento.

Una de las características más interesantes del Preceptrón (probada por Rossenblatt) es que dado un conjunto de vectores de entrada a un PE de la red, y el correspondiente vector de salidas deseadas, existe un método para entrenar sus pesos que garantiza la convergencia, si y solo si existe un conjunto de pesos que resuelva el problema.

La demostración de esta afirmación se basa en que el proceso de aprendizaje es del tipo minimización de gradientes en el espacio vectorial que constituyen los pesos.

El problema del teorema de Rosenblatt es que no indica qué vectores de entrada tienen solución y cuales no. La respuesta puede encontrarse en "**Perceptrons**" el libro de Minsky y Papert.

Ambos llegaron a la conclusión de que el Perceptrón era incapaz de aprender (de encontrar un conjunto de pesos adecuado) si el conjunto de vectores es linealmente separable. Por ejemplo, no puede resolver el problema XOR.

11.4 La separación lineal.

La separación lineal significa que para cada neurona de salida, sus valores de activación a lo largo del conjunto de aprendizaje deben estar separados en dos conjuntos. Uno lo forman las entradas que activan a la neurona y el otro las entradas que no la activan.

Ambos deben estar separados por un hiperplano. Las dimensiones de ese hiperpalno coinciden con el número de entradas menos una.

Por ejemplo suponga que tenemos dos neuronas de entrada y deseamos obtener las siguientes respuestas:

Ent. 1	Ent. 2	Sal.
0	0	1
1	0	0
0	1	1
1	1	1

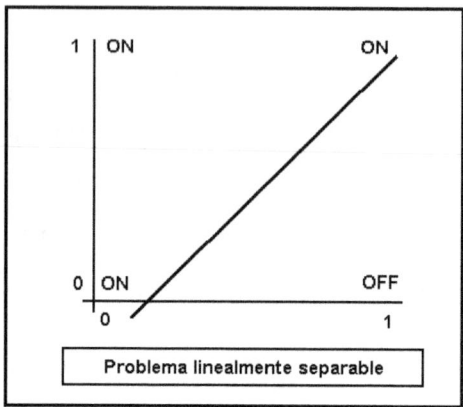

Problema linealmente separable

Este conjunto de entrenamiento, puede ser separado linealmente. Observe la ilustración. Las entradas que hacen ON a la neurona de salida caen en la parte izquierda y las que no en la parte derecha. Por tanto pueden separarse por un hiperplano de una dimensión, es decir por una recta.

Compare ahora la tabla anterior con ésta:

Ent. 1	Ent. 2	Sal.
0	0	0
1	0	1
0	1	1
1	1	0

Ahora observe la gráfica adjunta y compruebe que este problema no es linealmente separable. Dese cuenta que ahora es imposible trazar una línea que separe por completo a los dos conjuntos de vectores.

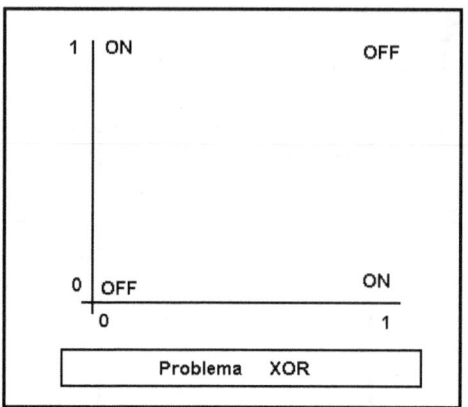

De los dos ejemplos anteriores el primero puede ser aprendido por un Perceptrón, pero el segundo (que representa a la operación XOR) no. Desgraciadamente esta limitación es muy grave y ha limitado mucho la aplicabilidad de estas redes.

NOTA: Si su Perceptrón no converge es probable que su conjunto de entrenamiento no sea linealmente separable. Compruébelo. Si es así debería cambiarlo o pasarse a otro modelo como las MFN, que no se ven afectadas por este problema.

11.5   Aplicaciones del perceptron.

Según Minsky y Papert este modelo es capaz de clasificar un gran número de formas (elementos visuales), aunque el número de neuronas ocultas debe ser grande. Uttley ha demostrado que usando algunas realimentaciones de manera selectiva, podemos reducir el número de PEs ocultos.

En general las aplicaciones del Perceptrón son muchas, sobre todo en el campo de reconocimiento de objetos. Sin embargo el requerimiento de un conjunto de entrenamiento linealmente separable, reduce mucho sus expectativas.

12 El modelo de red madaline

Bernard Widrow construyó en los años 60 una de las primeras redes neuronales. La denominó Adaline (ADAptive LInear NEuron). Como sus nombre indica su red constaba inicialmente de una única neurona, pero tenía capacidad de aprendizaje.

Este modelo fue ampliado posteriormente por el propio Widrow, dando lugar a la Madaline (Multiples Adalines). Este es el tipo de redes en esta sección (como todas las estudiadas en este proyecto también se encuentran implementadas en el simulador).

Tanto la Madaline como la Adaline pueden considerarse obsoletos, debido a la aparición de otros paradigmas más potentes como las MFN. Sin embargo poseen una importancia histórica innegable.

12.1 Generalidades.

Nos centraremos en el estudio de las Madalines, viendo a las Adalines como una Madaline con una única neurona de salida. El paradigma se caracteriza por:

- Es Heteroasociativo.

- Es un clasificador del tipo Nearest-Neighbor.

El modelo de red madaline

- Almacena parejas de patrones (**A$_k$**, **B$_k$**) para k=1..m, siendo **A$_k$** la entrada y **B$_k$** la salida. Para luego las recuperarlas.

- Emplea un método de aprendizaje por error LMS (Leat Mean Squeare).

- Su aprendizaje es off-line.

- Opera en tiempo discreto.

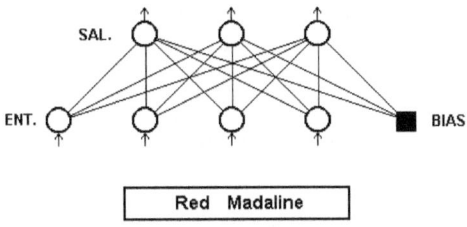

Red Madaline

La topología de una Madaline se compone de dos capas, en la que todas las neuronas de la entrada se conectan con todas las de salida. Las de entrada son meros buffers en los que se almacena la información a la espera de ser procesada por la red. No aplican por tanto ninguna función de activación. Las de salida toman el conjunto de entradas y les aplican sus respectivos pesos. Los resultados se suman entre sí, y posteriormente se aplica la función de activación lineal (f(x)= x).

Una Madaline al igual que las MFN y el Perceptrón posee una entrada constante o Bias, cuyo valor es siempre igual a la unidad. Dicha entrada se presenta como una más en el buffer de la red.

En el simulador observará que a la hora de generar un conjunto de entrenamiento o validación para una Madaline, no es necesario tener en cuenta el Bias, pues es gestionado automáticamente por la aplicación.

12.2 Aprendizaje.

El algoritmo de aprendizaje original se describe según la siguiente lógica:

* Si la salida es correcta, dejar los pesos sin modificar

* Si la salida obtenida por una neurona es 0.0 pero la deseada es 1.0, entonces incrementar sus pesos.

* Si la salida obtenida es 1.0 y la deseada es 0.0, entonces decrementar los pesos.

Este proceso se repite para cada neurona, de la capa de salida, durante todo un epoch. Como siempre existen dos soluciones posibles: aplicar los cambios una vez calculados para cada ejemplo, o esperar al final del epoch.

La segunda opción suele ser la más razonable en otros modelos por acelerar el aprendizaje, a pesar de necesitar más memoria. Pero en el caso de la Madaline la convergencia es tan rápida que nos basta con aplicar la primera solución y de paso ahorraremos algo de memoria.

Cuando describíamos la lógica del algoritmo hablábamos de incrementos y decrementos en los pesos, pero sin especificar nada más. Existen tres formas distintas de determinar estas variaciones:

1.- Usar un valor fijo.

2.- Emplear cantidad variable dependiendo del error (diferencia entre el valor deseado y la suma ponderada).

3.- Usar una combinación de los dos métodos anteriores, una constante y un valor proporcional al error.

En concreto el simulador del proyecto ha empleado la ecuación:

$$INC(w_{ij}) = c \cdot a_i \cdot d_j$$

donde INC representa el incremento que sufre el peso, ai es el valor de activación de la i-esima neurona oculta, c es una constante positiva en el intervalo (0, 1) que controla la velocidad de aprendizaje (cuanto más pequeña sea más suaves serán los incrementos de la ecuación anterior y viceversa) y conde dj es:

$$d_j = b_j^k - b_j$$

siendo d_j el error del j-ésimo PE de salida y b_j^k la salida deseada y b_j la salida obtenida. Estas ecuaciones se repiten para cada j= 1..p, siendo p el número de neuronas de salida.

El proceso de entrenamiento se repite para los diferentes ejemplos del conjunto de aprendizaje, hasta que los incremento sean los suficientemente pequeños. En general se puede usar como criterio el error RMS.

Si usted estudió a fondo el Perceptrón pensará que su forma de aprendizaje es idéntica, salvo por el matiz de la capa oculta. Sin embargo dese cuenta que el Perceptrón sólo podía tener dos salidas posibles (salida binaria), mientras que la Madaline puede tomar cualquier valor en el intervalo de trabajo de sus neuronas (+1, -1). Esto se debe a que aplica la ecuación siguiente para hallar el valor de salida de cada PE:

$$sal_j = SUM(i=0..n-1, w_{ij} \cdot a_i) + w_n$$

mientras que el Perceptrón hacía:

$$sal_j = F(SUM(i=0..n-1, w_{ij} \cdot a_i) + w_n)$$

donde F es la función de activación escalón, tal que si x es mayor que cero la salida de la neurona se satura a +1, y sino a -1.

Si piensa que esta diferencia no es muy importante se equivoca, pues aunque lógicamente son muy similares, desde un punto teórico suponen dos acercamientos totalmente diferentes (de hecho los desarrollos matemáticos, los estudios de capacidades, etc, son completamente diferentes).

Por ejemplo: el algoritmo de aprendizaje del Perceptrón emplea una aproximación de hiperplanos, mientras que la Madaline se centra en minimizar el error MSE.

NOTA: A pesar de que cara al aprendizaje no conviene aplicar en ningún momento una función de activación que no sea la lineal, a la hora de la recuperación algunas implementaciones convierten la salida en binaria (usando una función de transferencia escalón).

12.3 La convergencia en el entrenamiento.

El algoritmo de aprendizaje converge globalmente al mínimo error. Podemos definir este error como:

$$d_j = b_j^k - b_j$$

Desgraciadamente la convergencia no es tan rápida como la del perceptrón y además la solución está condicionada al mismo problema que el Perceptrón: la separación lineal en los vectores de entrada. Para más información sobre este tema consulte en el capítulo anterior *"La separación lineal"*.

Por otro lado tenga en cuenta a la hora de realizar los conjunto de entrenamiento que el número máximo de patrones distintos que puede aprender la red viene condicionado al número de neuronas de entrada. Así:

$$m = 2 \cdot n$$

siendo m el número máximos de patrones almacenables y n el número de PEs en la capa de entrada.

12.4 Aplicaciones.

A pesar de sus limitaciones la Madaline puede aplicarse a muchos campos. Veamos algunos ejemplos:

- Procesamiento de imágenes.

- Reconocimiento de patrones.

- Control de automatismos.

- Procesamiento temporal.

- Eliminación de ruidos.

La mayor parte de las aplicaciones desarrolladas con este modelo pertenecen al periodo de tiempo anterior al descubrimiento de la backpropagación.

13 Objetivos un simulador

Este primer capítulo es una introducción a las fases, objetivos y logros del presente proyecto. Su misión es la de orientar la consulta del tribunal, así como proporcionar una visión general y una memoria de lo que ha sido el proyecto.

13.1 Fases de desarrollo.

El proyecto ha constado de tres fases bien diferenciadas y consecutivas en el tiempo:

- Estudio de la programación en Windows.

- Estudio de las redes neuronales.

- Planificación y programación del simulador.

A continuación se describe cada una de ellas en detalle:

13.2 La programacion en windows.

Dado que el simulador estuvo concebido desde un principio bajo el entorno Windows 3.1, fue necesario adentrarse en la programación para dicho entorno. El lenguaje elegido es el **C++** y el compilador **Borland C++ 4.1 para Windows**.

En este paquete, Borland proporciona la librería de clases **ObjectWindows** que permite programar bajo Windows ocultando las llamadas a las APIs, y proporcionando la posibilidad de crear aplicaciones completamente orientadas a objeto y eventos. En concreto el simulador usa la versión 2.0 de esta librería.

13.2.1   Ventajas.

Dentro del estudio de Windows se ha hecho especial hincapié en los siguientes puntos, que a su vez constituyen las principales ventajas de este *sistema operativo*, frente a otros como el D.O.S:

- **La multitarea**: una red neuronal puede necesitar mucho tiempo para ser entrenada. De ahí que fuera interesante incluir la multitarea como una opción en el simulador, para que el usuario pueda dejar el aprendizaje en background y ejecutar otros programas.

- **La programación de DLLs**: aunque más complejas en su desarrollo y diseño, las DLLs son un tipo especial de librerías con muchas ventajas de cara a la **reutilización del código**. Una DLL puede ser compartida por varias aplicaciones al mismo tiempo. Son módulos independientes de cualquier otro programa, sin embargo sus funciones y objetos pueden ser usados desde el exterior gracias al enlace **dinámico**. Además proporcionan una separación entre código y datos (código en la DLL y datos en el programa llamador).

- **La gestión de memoria**: De cara a la implementación de simuladores de redes neuronales, la memoria es siempre y bajo cualquier sistema, un punto especialmente delicado, pues suelen practicar un uso intensivo de este recurso. Windows implementa un método bastante eficiente para su gestión (memoria virtual, protección de páginas, etc). Esta fue una de las principales razones para seleccionarla como plataforma de trabajo (sobre PC), y desechar a otros sistemas como por ejemplo el DOS.

- **Programación de excepciones**: Las excepciones proporcionan seguridad al simulador, sobre todo en la gestión de memoria, que como ya hemos visto es un punto especialmente delicado. Por ejemplo: si estamos entrenando una red no será agradable que después de varias horas, la aplicación se cuelgue o rompa por culpa de que se le ha terminado la memoria o algún otro problema similar.

- **Facilidad de uso**: En general todas las aplicaciones de Windows tienen un objetivo común: ser fáciles de manejar, reduciendo la fatiga del usuario. Aunque Windows proporciona los elementos para lograrlo (menús, controles, cuadros de diálogo, etc), es responsabilidad del programador combinarlos adecuadamente. Uno de los principales objetivos durante todo el proyecto ha sido encontrar la solución óptima, que permitiera integrar en un único simulador a varios modelos de red, y al mismo lograr un programa sencillo externamente (aunque no internamente). A este respecto la aplicación se ha ganado el calificativo de visual.

13.2.2 Inconvenientes.

Bajo Windows no todo son ventajas también hay algunos problemas, que deben evitarse o resolverse de la mejor manera posible:

- **Deficiencias en la gestión de memoria**: Antes mencionamos que Windows supera a D.O.S en el tratamiento de este recurso, pero eso no significa que no haya problemas. Los principales *puntos negros* son: el bloque más largo que puede ser reservado no debe superar los 16Mb-64Ks y el número máximo de bloques asignables en todo el sistema no puede ser superior a 8192. Estos aspectos condicionan a las aplicaciones, que como los simuladores de redes practican un uso intensivo de la memoria.

- **Programación compleja**: Cualquier programa bajo Windows por sencillo que sea, debe seguir unas normas de presentación externa y de composición interna. En otras palabras no tenemos la misma libertad que bajo sistemas como el D.O.S. Además cuantas más facilidades se dan al usuario, más complicaciones internas se generan. Si se fija estos puntos son desventajas para el programador, y ventajas para el usuario. Por otro lado el hecho de desarrollar el simulador bajo C/C++, nos lleva a trabajar directamente con Windows, a bajo nivel.

- **La falta de documentación**: Sin lugar a dudas el gran enemigo del programador en Windows es la falta de documentación. Especialmente en España, donde se han publicado pocos libros (traducidos) y de dudosa calidad. Al final la gran solución es Internet, que nos da acceso a foros de discusión especializados en el tema.

13.2.3 Referencias.

En la presente documentación encontrará pocas alusiones a los problemas derivados de la implementación bajo Windows. Esto se debe a que el verdadero tema de discusión son las redes neuronales. Sin embargo bien que podrían haber ocupado por si solos todo un proyecto aparte.

13.2.4 Bibliografía.

"Programming Windows 3.1" *Charles Petzold*

"Guía del Programador ObjectWindows" *Borland*

"Guía de referencia ObjectWindows" *Borland*

INTERNET (consultas en la red)

13.3 Las redes neuronales.

Existen diferentes modelos o paradigmas de redes neuronales. El simulador implementa cuatro de ellos: MFN, Kohonen, Perceptrón y Madaline.

13.3.1 Referencias.

Todas las redes neuronales tienen una serie de características en común. Estas se exponen en el capítulo 2. Posteriormente se van introduciendo los distintos modelos en los capítulos 4 (MFN), 8 (KOHONEN), 9 (PERCEPTRON) y 10 (MADALINE). Los capítulos 5 y 6 tratan métodos para inicializar los pesos y escapar de mínimos locales.

Se centran en los MFN, pero en realidad los conceptos presentados se pueden extender a cualquier otro modelo. El capítulo 7 es especial. Trata sobre cómo usar los MFN en la práctica. Lo encontrará muy útil. Por último señalar que al apéndice 1 incluye la historia de las redes neuronales, así como algunas reflexiones que seguramente le resultarán interesantes.

13.3.2   Bibliografía.

"Practical Neural Networks Receips" *Timothy Masters*

"Foundations of Neural Networks" *Tarun Khanna*

"Neural and Automata Networks" *Eric Goles, Servet Martínez*

"Artificial Neural Networks" *Patrick K. Simpson*

"ANNIE Proyect" *United Kingdom Atomic Energy Authority*

INTERNET (consultas en la red)

13.4 El simulador.

13.4.1 Objetivos.

Antes de comenzar el diseño del simulador que acompaña al proyecto, se han estudiado otros, aunque ninguno bajo Windows. A las ideas observados en estos, se han añadido otras originales. Entre los nuevos conceptos más destacados está el de variable. A continuación se describen uno a uno los diferentes objetivos del proyecto:

- **Orientación a objetos:** Un simulador especializado en un único modelo de red neuronal no tiene por qué estar orientado a objetos, pero si pretende simular más de un modelo la programación se complica.

El problema está en que algunos modelos tienen procesos comunes y otros no, pero difieren en muy poco de algún otro, y otros son completamente diferentes. La programación orientada a objeto tiene entre sus características la reusabilidad del código. En este sentido puede sernos muy útil, pero requiere de nosotros que busquemos las diferencias y coincidencias entre los diferentes modelos. En otras palabras se hace necesaria una buena planificación.

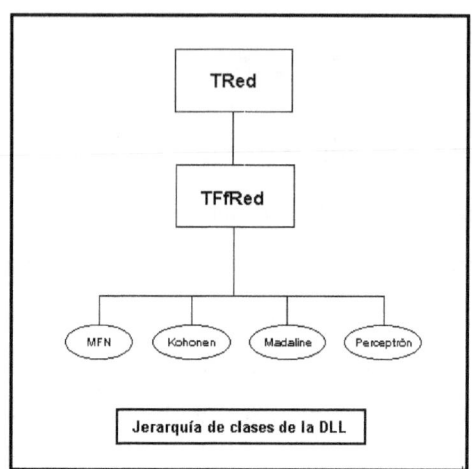

Jerarquía de clases de la DLL

En el simulador de este proyecto, la DLL es en realidad una jerarquía de clases. Puede verse como un árbol, en el que la raíz es la clase **TRed**, que implementa la funcionalidad básica común a todos los modelos de red neuronal. De esta base parte dos hijas, las clases **TFfRed** y **TFbRed**. TFfRed incluye las características comunes a la mayor parte de los modelos Feedforward. Por su parte TFbRed es el equivalente para las redes Feedback. De estas dos clases derivan los modelos concretos como MFN, Perceptron, etc. Esta derivación implica que una clase hija *hereda* la funcionalidad que ya tenía su padre, pudiendo aprovecharla tal cual la recibe, añadiéndole nuevas características o redefiniéndola por completo.

- **Reutilización del código:** La reutilización del código puede plantearse en dos niveles: interno y externo. La interna se refiere a poder aprovechar el código ya escrito para una red a la hora de implementar otra y la externa se refiere a usar el código de un modelo en varias aplicaciones a la vez.

La <u>reutilización interna</u> se consigue mediante la orientación a objetos y una jerarquía de clases inteligente. Como hemos visto obtener la jerarquía requiere un esfuerzo de diseño bastante grande, pero las ventajas que obtendremos serán aun mayores.

La <u>reutilización externa</u> es más difícil de conseguir. En Windows existe un concepto denominado **Enlace Dinámico** que nos ayudará en esta tarea. Para comprenderlo debemos repasar la forma en la que trabajan los compiladores. Un compilador en cualquier lenguaje estructurado puede encontrarse con el código fuente dividido en varios ficheros. Cada fichero se compila por separado, obteniéndose un código objeto (ficheros *.OBJ y *.LIB). Posteriormente se linkan los OBJ y LIB de cada fichero y se genera el EXE final. El proceso de linkage o enlace supone no solo unir el código físicamente, sino también resolver las referencias a funciones que se producen desde un fichero a otro.

A este proceso se le denomina **enlace estático**, al quedar resuelto en tiempo de compilación. El enlace dinámico es en esencia idéntico al estático, pero en lugar de producirse en tiempo de compilación se produce en tiempo de ejecución. Es decir cuando el programa llama a una función que no le pertenece (que no ha sido enlazada estáticamente), el sistema operativo debe buscar el módulo que contiene a dicha función y ejecutarla. En Windows el enlace dinámico se logra con las DLLs.

Supongamos por ejemplo que queremos realizar una aplicación especializada en el reconocimiento de caracteres. Dicha aplicación debe contener la lógica de la red neuronal que use. La aproximación que suele realizase es incluir el código de la red en el código del programa.

Pero supongamos que tiempo después queremos crear otra aplicación para la rectificación de ondas, y necesita el mismo modelo de red que el reconocedor de caracteres. Tendremos que repetir de nuevo el código de la red en la nueva aplicación. Ello supone un esfuerzo extra de programación y una pérdida de tiempo y dinero.

La solución ideal sería poder compartir el código entre varias aplicaciones. Así el reconocedor de caracteres puede compartir su código con el rectificador de ondas. El resultado es que ahorramos tiempo en el desarrollo de los programas. También eliminamos redundancias y por tanto ganamos espacio en disco y en memoria. Las DLLs permiten alcanzar este objetivo.

- **Eficiencia**: Como es lógico el usuario quiere que su red aprenda y se ejecute lo más rápido posible. El simulador se ve condicionado por los algoritmos que le imponga el modelo, pero puede aportar algo. Así existen algunos métodos inteligentes como la aproximación de las funciones de activación o no romper la secuencia en el pipeline. Existen algunos puntos reducen indirectamente la eficiencia, como el enlace dinámico y el uso de programación orientada a objetos.

El <u>enlace dinámico</u> tal y como vimos se resuelve el tiempo de ejecución y eso supone un tiempo de penalización. Para minimizar este problema se ha diseñado la DLL de manera que no se llame a funciones de enlace dinámico dentro de bucles o algoritmos de aprendizaje. Por otro lado el uso de la <u>programación orientada a objetos</u> ralentiza la ejecución de los programas, especialmente en las llamadas a funciones virtuales.

Se ha intentado reducir lo más posible el uso de estas funciones dentro de los bucles de los algoritmos de aprendizaje, pero aún así sería más eficiente el uso de C puro. Sin embargo, la orientación a objetos origina más beneficios que inconvenientes.

- Escalabilidad: En el mundo de las redes neuronales aún no está todo dicho, y es frecuente que aparezcan nuevos paradigmas y arquitecturas. A este respecto es necesario que un simulador pueda crecer con facilidad, o dicho en lenguaje técnico que sea escalable. Así cuando aparezca un nuevo modelo de red neuronal debería ser fácil de añadir a los ya existentes.

Para lograr este objetivo la programación orientada a objetos nos facilita mucho las cosas. Una buena jerarquía de clases como la presentada en los puntos anteriores, es muy flexible a la hora de añadir nuevos nodos hijos, pues cada uno de ellos es totalmente independiente del resto de nodos a su mismo nivel. Es decir, la implementación del Perceptrón es totalmente independiente a la de una Madaline, aunque ambas dependen de sus clases base comunes. Así mientras no se modifiquen estas clases básicas, la creación de nuevos modelos de red neuronal es totalmente independiente.

Esto reduce el ámbito al que el programador debe prestar su atención, lo que supone una programación más rápida y fácil de verificar.

- **Independencia de la aplicación:** Un simulador que concentrara el código relativo a las redes neuronales en una DLL o en algún otro tipo de librería, debería intentar que dicho código fuese lo más independiente posible del resto del simulador.

El grado máximo de independencia se consigue cuando la aplicación que usa la DLL, no puede distinguir qué modelo está usando o cuántos están disponibles. Esto se ha conseguido en la implementación del proyecto, diseñando a TRed como una clase que define el interface común para todas sus derivadas.

Así accederemos a la clase TMFN, que implementa una red de tipo MFN, usando las mismas funciones que cuando accedemos a TPerceptron o a TKohonen. Por tanto el simulador trata a todos los modelos por igual, y no se ve obligado a hacer distinciones a la hora de tratar unas redes u otras.

Como se comentó en puntos anteriores, la implementación de la funcionalidad de los modelos se realizaba entre las clases base y el nodo final. Por tanto TRed no tiene toda las funcionalidad de una red completa. ¿Cómo es entonces posible que tenga el mismo interface que por ejemplo TMFN?. Fácil, se usan funciones virtuales puras.

En otras palabras, TRed contiene la definición de los prototipos de todas las funciones públicas, a las que tendrán acceso todos los programas que usen la DLL. Aquellas funciones que puedan ser redefinidas en las clases derivadas se declaran como virtuales, y las que además de redefinibles no tengan una implementación hasta que no se derive la clase, se definen como virtuales puras.

Con todo lo que hemos visto se consigue que las aplicaciones se limiten a coordinar las llamadas a las funciones de la DLL y a implementar su lógica interna, despreocupándose casi por completo de si están trabajando con uno u otro modelo de red. Como puede adivinar esto simplifica muchísimo el código de un simulador multi-red (capaz de simular varios modelos).

13.4.2 Partes del simulador.

- <u>Una DLL</u> orientada a objetos que implementa la jerarquía de redes neuronales antes comentada y otros objetos básicos necesarios. La DLL es independiente de cualquier aplicación, sus clases pueden ser usadas por cualquier programa con sólo incluir en su proyecto los ficheros cabecera.

- <u>Un simulador</u> que utiliza a esa DLL. Se encarga de fijar cómo debe ser el interface con el usuario, pero ignorando la implementación de las redes por completo.

- <u>Un generador de conjuntos</u>: su única misión es generar conjuntos de entrenamiento y validación bajo un entorno visual. También utiliza los servicios de la DLL.

- <u>Una aplicación DOS</u>: encargada de transformar los conjuntos de entrenamiento creados con el generador de conjuntos a modo texto.

13.4.3 Referencias.

En el capítulo 11 se amplían algunos de los conceptos aquí vistos y se añade una guía de referencia con el significado y funcionalidad de cada una de las opciones del menú.

13.5 Otros paradigmas.

Durante la realización del proyecto se han estudiado muchos modelos de red que luego no han sido implementados. El número de paradigmas es muy grande y como es lógico no todos pueden ser tratados en detalle. Sin embargo sí que es recomendable tener un conocimiento de la mayor parte de ellos.

El autor del proyecto ha estudiado más de una docena de modelos, pero sólo ha decidido incluir cuatro. Las razones de este estudio, que no se refleja en la documentación, se encuentran en la jerarquía de clases, que como ya hemos visto se ha diseñado para ser capaz de representar cualquier modelo de red, facilitando así la escalabilidad.

13.6 Nomenclatura.

A lo largo del proyecto se emplean algunos términos anglosajones. El autor ha preferido no traducirlos. Las motivaciones para ello son diversas.

Por un lado está la carencia de textos en castellano sobre el tema, de ahí que no exista aún un consenso al traducir ciertos términos conflictivos. Y por otra parte no se pretende confundir al lector cuando, más tarde o más temprano, tenga que enfrentarse con los textos anglosajones.

www.ingramcontent.com/pod-product-compliance
Lightning Source LLC
Chambersburg PA
CBHW060824170526
45158CB00001B/77